U0017974

我的巧克力人生

可可女孩的快樂工作札記

吳佩容／著

吳宗恩／協力

Contents

1

YES, 無法抵擋的緣分

- 啥！到巧克力房？有沒有搞錯？ 8
- 從不經意到悄悄愛上它 12
- 誤打誤撞還是傻人傻福！? 18

關於巧克力的驚嘆號
從可可樹到可可豆 24

- 生平第一次的堅持，不過…… 28
- 緣分，就是那麼難以捉摸 32
- 天天都有桑拿浴的開始！ 36

關於巧克力的驚嘆號
從貨幣、飲料到風行世界的甜點 40

2

「超級甜點控」就是我

- 拜託，讓我回家睡覺吧！ 46
- 讓我好氣又好笑的單純 50
- 蛋糕麵包，傻傻的分不清楚 56

關於巧克力的驚嘆號

如同葡萄酒一樣的莊園巧克力 60

 南部的孩子進城來！ 64

● 融化在舌尖的絕妙滋味 70

● 巧克力甜點師，我來當！ 74

關於巧克力的驚嘆號

各異其趣的五大莊園巧克力 80

3

歡迎光臨
巧克力的夢幻王國

● 原來，工作可以有學有玩又有吃！ 86

● 為了更好，再次出發吧！ 90

● 啊！壓力別來找我 94

關於巧克力的驚嘆號

瞭解巧克力的公開祕密 98

Contents

● 因為它，我不再汗流浹背！ 104
● 意料之外的驚喜與榮耀 108
● 因為珍貴，所以昂貴 112

關於巧克力的驚嘆號

調溫巧克力與非調溫巧克力的名堂 116

4

三百六十度的極致追求

● 精確要求下的幸福滋味 122
● 學習，總是不斷的進行中！ 126
● 眼觀八方才能做出的美味 130

關於巧克力的驚嘆號

巧克力的種類與保存 134

● 哇!我真的要為國出征了! 140
● 成長,從改變開始 146
● 我的小小夢想!150

關於巧克力的驚嘆號

充滿祝福與愛意的巧克力 154

5

讓我們來做巧克力吧!

享受最簡單的美味.純巧克力
享受水果的芬芳與巧克力的香醇.水果類巧克力
大朋友、小朋友都喜歡.堅果類巧克力
一次享受不同口感的滋味.果醬內餡巧克力
有點辣又有點甜的奇妙滋味.胡椒巧克力
充滿童趣的甜心禮物.跳跳糖巧克力棒

1

YES,
無法抵擋的緣分

如果不是這個機會，
我不是還在做著千篇一律的裝飾蛋糕，
就是繼續揉麵糰吧！
到日本比賽、到歐洲進修……，
應該都跟我沒任何關係。

不管甜點或巧克力都是我的最愛，
也因為喜歡，就更有動力做好，
就算每天的工作程序一成不變，
也不會覺得無聊。

啥！
到巧克力房？
有沒有搞錯？

佩容小妹
有話說

「妹妹，明天你就到巧克力房幫忙！」這是我踏進巧克力甜點業的開始。

沒錯，就因為老闆吳宗恩的一句話，我進入了這個行業，一個我從來想不到會接觸到的行業，完全沒有任何驚天動地的理由或浪漫的藉口。

雖然不愛念書，可是我還滿喜歡看一些厲害人物如何成功的故事。故事中，每個人都有不一樣的境遇，總是經歷一些所謂的「轉捩點」，像是受到哪個人的啟發、遇到哪些困難等等。

我當然不是什麼厲害人物，但從一個西點學徒變成巧克力師傅，跟我曾經收到愛慕男孩送的巧克力，而開始對做巧克力這檔事產生興趣，或是因為羨慕哪個巧克力師傅的偉大成就，便立志成為一名巧克力師傅的遠大夢想……等特殊因素全沒關係，就只是因為本來在點心房負責做蛋糕裝飾的我，剛好碰到巧克力房缺人手，在老闆不知看中我哪點的狀況下，被調到巧克力房。

有時我會想，如果不是這個機會，現在的我不是還在亞尼克的點心房做著千篇一律的裝飾蛋糕工作，就是又不知換到哪一間西點麵包公司繼續揉麵糰吧！像是到日本比賽、到歐洲進修……甚至現在可以出一本跟自己有關的書，這些事應該都跟我沒任何關係。這樣看來，我的巧克力人生好像也可以說是我的「出運人生」啊！

悶不吭聲的小小娃

　　從小個性內向的我，對大部分事物都抱持著不強求的態度。對我而言，按部就班把事情做好是最大的原則，只要日子平平靜靜、簡簡單單，有工作就做、有覺就睡，我就開心知足了。但也因為這樣的個性，常會被我姐姐嫌棄，認為我不夠聰明又不夠積極，不知道好好規畫未來。

　　基本上，我從小就有點閉塞，再加上爸爸每天忙著工作賺錢，媽媽也忙著做家事，沒太多時間帶我和姐姐出去玩。印象中，爸媽最常帶我們去的地方就是寺廟，每回他們去廟裡參拜，我和姐姐就在附近跑來跑去的玩鬧。

　　長大後，就算去同學家，我也是窩在人家家裡玩芭比娃娃；進入社會工作，如果沒有受到同事邀約一起出去走走，我不是窩在家裡晃一整天，就是戴著耳機聽MP3，一個人騎著小綿羊閒晃，有時甚至可以從台北慢慢騎車騎到桃園。

　　這兩年我有機會去內湖採草莓、到平溪放天燈，有時還會參觀一些設計展，都是因為同事邀約或是員工旅遊。簡單來說，我可以很合群，但就是很被動，很多事情似乎都要人家幫我安排或規定好，我才會跟著做。

　　不少人聽到我的休假活動常是漫無目的的騎車時，都覺得很驚訝。他們會問我，「你不會覺得很遠嗎？你騎到那裡做什麼？」我的回答好像也常讓大家想不通，「不會啊，就慢慢的騎，反正沒有事，又不知道要幹什麼！」或許天生個性就是如此，我對很多事都是一種淡淡的感覺，不怎麼會特別想要什麼的衝動。

　　有時我會想，難道一定要不斷的跟人家競爭、有遠大的目標，才會是正確的，才有好運氣嗎？

　　「但是，我只想當個安分守己的人啊！怎麼可能每個人都能當老大呢？我只想好好的當老二，甚至老三、老四、老五都沒關係啦！」每次被姐姐念一頓後，我都在心裡想著。

　　被調到巧克力房後，我還是默默做著自己該做的事。可是沒有任何遠大志向的我、每回總是聽著媽媽姐姐的話照做的我，在師傅耐心的教導下，原本對未來很徬徨，也慢慢找到自己的快樂和自信。

　　原來，守本分也是可以有不錯的運氣！果然不是只有聰明的人才能有好運氣啊！哈！我真開心！

從不經意
到悄悄愛上它

宗恩老闆
有話說

　　二〇〇三年，由於原物料價格一直上揚，原料商又希望能穩定客源，就想了不少方案爭取我們的長期合作，尤其是巧克力原料的用量。

不經意下的接觸

　　原本，巧克力原料就會被加入某些糕點的製作中，但卻不是亞尼克的主要物料。為了增加訂量並能以長期簽約的方式合作，原料代理商便提出「到日本參觀並學習巧克力」的配套優惠說服我。

　　這就像每回百貨公司周年慶一樣，都會有類似「滿千送百」或是「滿額送獎」的活動，也就是只要簽約，他們就可以免費贈送幾個到日本參訪的名額。

　　我心想，反正一樣要用原料，就簽個約，還可以送幾個同仁到國外見見世面，也不錯！就這樣，開始了我和巧克力的不解之緣！

　　進貨量增加了，為了讓巧克力有更廣泛的運用，我積極去接觸並學習關於巧克力的一切，也慢慢的開啟自己對巧克力更深入的認識。在這點上，跟佩容似乎誤打誤撞進入巧克力的行業也有些雷同。

當時我的心態是將巧克力視為亞尼克眾多產品中的一環，同時間，我還研發了冰淇淋，一切都是為了讓原有的產品線更完備，讓亞尼克不只是一間蛋糕店，而是具備各種產品的甜點店。

在國外，一間有規模的甜點店，不會只賣蛋糕、巧克力冰淇淋等單品項的產品，而會有很多的甜點選擇，就像一間甜點的百貨公司。

逐步發展的節奏掌控

為了讓亞尼克具備跟國外甜點店一樣的規模，我每年都投入不少研發經費開發新產品，但這些產品都屬於亞尼克的品牌，對於要替巧克力或是糕點外的品項另立新品牌，說實話，當初並不在我的規畫中。

然而即便只是一條新產品線，為了物盡其用，我也安排公司的師傅額外學習一些跟巧克力有關的課程。當然，我也是其中的一員。

我一向喜歡嘗鮮，一些課程上下來，還真讓我開了眼界，跟蛋糕、麵包不一樣的巧克力製作方式，讓我對巧克力越來越有興趣。後來甚至另外開了間亞尼克可可坊，仍屬於亞尼克的產品線，只不

過另闢門市陳列這些我新研發的玩意。

　　沒想到，越玩越大的結果，卻讓我面臨嚴重的瓶頸：可可坊的巧克力竟然乏人問津，在業績上出現嚴重的落後。

　　雖然巧克力的保存期很長，但是手工夾心巧克力由於加了不同的內餡，保鮮期通常只有十天。做吃的最重要就是要讓消費者吃得健康又安心，新鮮更是首要，這是我剛開始從七坪大的小廚房創業時，一直堅持的不變原則。

　　在那段亞尼克可可坊的日子裡，由於無人聞問，每天丟掉的巧克力比賣出的巧克力還多，因此入不敷出的狀況可想而知。

　　雖然不甘願，最後還是只能以失敗收場，把可可坊趕緊打包，以免洞越變越大，危害到亞尼克的糕點本業。

破繭重生的開始

　　獅子座的我，向來不服輸。但是可可坊的失敗讓我上了很重要
的一課，以往開店我只顧著往前衝，沒仔細想過開店就是要開一間
能賺錢的店，只單純的認為，只要把店開張，把一切準備好，應該
就可以賺錢。沒想到可可坊卻讓我跌了一跤。

　　我心中對這次的失敗耿耿於懷，不過我知道時機沒成熟，就不
能再輕易嘗試，否則只會越弄越糟。

　　二〇〇九年，我通過法國里昂世界盃在台灣區與亞洲區的比賽
後，獲得代表台灣到法國參加大賽的資格，比賽過程中，又再度因
為巧克力受到刺激。

在法國的決賽結束後，我走訪法國各間著名的巧克力店，嘗遍各種品牌的巧克力，這才驚覺，歐洲的手工巧克力竟然有那麼多的變化，不只是甜和不甜的分別，也難怪巧克力在歐美會廣受歡迎。

於是，我開始在亞尼克的巧克力房繼續部署未完的巧克力之夢。不過這一次我不再只是將巧克力視為一條產品線，而計畫將它以品牌的概念重新研發並生產。

品嘗過這麼多的巧克力並經歷失敗的痛苦後，我總算瞭解巧克力有其獨特的個性，若想將它附屬於亞尼克的品牌下，只會掩沒它該有的風采。

誤打誤撞
還是傻人傻福！？

佩容小妹
有話說

　　小學二年級的時候，因為搬家的關係轉學，我還清楚記得第一天到新學校時，因為不想進教室而跟老師在校園內上演拉鋸戰，老師用力的要把我拖進教室，我也使盡力氣的哭喊不要進去。

　　不知情的人或許會以為我太懷念以前的同學、老師，所以才排斥新學校，其實根本不是那回事，我就是不想上學。當時幼稚的我以為搬家後就不用上課了，原來還是要到另一所學校念書，真是壞了我的如意算盤！

　　不想上學也就算了，曾有小學老師跟我媽說我的腦筋可能有點問題，原因除了功課很差外，還跟我常「出神」有關！

　　現在想想，我也不知當時的自己是怎麼一回事，跟全班三十一個同學一起坐在教室中，每回老師說話，我都覺得她是跟其他三十個同學說話，我，不包含其中，所以老師說啥都不關我的事。

　　老師往往為此火冒三丈，大叫我的名字，問我為何沒反應時，我才幽幽的問老師「什麼事？」也就在那一刻，我才明瞭原來老師說話的對象也包括我……

　　從這些「豐功偉業」就可以猜得到，小時候的我，功課既不好又不討老師的歡心，就算不是問題學生，也是讓老師很頭大的學生，跟我那表現良好又聰明的姐姐，只能說天差地別！

姐妹總是差很大

　　我跟姐姐只差了三歲，但這三歲卻差得「很遠」，不但長相有差、個性有差、能力更有差。姐姐從小功課就好，不用讓爸媽擔心，很有主見，對未來更充滿想法。

　　小時候，有一陣子爸爸工作不順，心情不好，藉酒澆愁喝得醉醺醺後，就在家裡大呼小叫，搞得家裡氣氛很緊張。膽小的我一聽到爸爸大聲説話，就會害怕的躲在房間哭。

　　姐姐每次看到我在哭，就很有義氣的跟我説，「不要怕，我會保護你的！」姐姐從小就是我的偶像，她又聰明、又俐落，更清楚自己要什麼。至於我這個只小她三歲的妹妹，卻似乎總是需要別人的幫忙。

　　不過雖説是偶像，但應該沒有不吵架的姐妹吧！我們兩姐妹感情雖好，但也很會吵。小時候玩扮家家酒，姐姐每回都要當公主，卻要我當公主身邊的婢女；如果她當老闆，我就是她身邊的小跟班……。

　　我承認自己是沒有她聰明啦！但當公主或老闆的人一定都是聰明人嗎？我也想當公主啊！

　　長大後，脫離了扮家家酒的遊戲，我們又因為要看哪個節目吵

架。反正能吵的事大吵，沒啥好吵的事也來個小吵，像是擠牙膏這種事也可以吵。

一直到她前幾年到上海工作，彼此見面的時間少了，碰面時反而客氣點。但如果她休假回家，時間待得一久，老狀況就又出現了！

不過，我今天能夠一步步走到現在的位置，姐姐可是扮演了關鍵性角色。

從寵物美容到食品加工

從國小到國中，因為從來沒有認真看待功課這檔事，我的高中職聯考成績當然就只能用「慘」字形容。分數低到只能撿剩下的學校念，好不容易看到一所學校，又被分數更高的人登記額滿，再加上家中當時經濟狀況不好，我只能念公立的，經過姐姐的情報分析，最後我決定選念食品加工科。

事實上，在念食品加工科前有一個轉折。最初我原本想自己很喜歡狗啊、貓的，念寵物美容科可以天天跟這些動物在一起，很不錯！就在我跟家人表達這個想法時，老媽和老姐就開始恐嚇我，「你去念那個很危險耶！如果不小心被生病的狗咬到就糟了，有的

狗得了皮膚病，很容易傳染給人……」

　　從小就膽小的我被這樣一說便信心動搖了，結果姐姐就以食品加工科可以一邊做東西，一邊吃東西的理由說服我，就這樣，我又乖乖接受姐姐的意見了！

　　說實話，每回把這些事情說給朋友聽，她們都會說我還真是很容易被「嚇」，什麼都好！不過，這就是我的個性啊！

　　老姐常不斷的提醒我該好好想想自己想要什麼。每回我工作到一個瓶頸，她就會問我，「你真的要一直待在那裡嗎？你有想過接下來有什麼打算嗎？」每當我不知如何選擇時，她總能講出一個讓我願意聽話的理由。

　　例如剛畢業不知該找什麼工作時，她就跟我說，「你這個愛吃鬼那麼喜歡吃麵包，就去麵包店當門市小姐，天天都有吃不完的麵包！」

　　門市小姐當了兩、三年，她覺得我沒有太多長進，一副就此安逸下去的樣子，又跟我說，「你是學食品加工的，要不要去學學麵包、蛋糕怎麼做，不要天天在那顧麵包、吃麵包，越吃越胖！」

　　說實話，我真的不知姐姐是用心良苦，還是故意說話刺激我，但不管如何，我的人生越走越好倒是真的！

從可可樹到可可豆

可可樹生長在炎熱又多雨潮濕的熱帶雨林。熱帶雨林主要分布在赤道附近，生長的植物不但種類繁多而且很高大，為了獲取足夠的陽光，有的植物甚至高達幾十公尺。

相較之下，最高可長到十五公尺的可可樹，屬於熱帶雨林中比較底層的植物，那些比它高大的植物反而能夠替可可樹遮蔽陽光。

可可樹是一種非常特別的植物，它的花也就是可可花，不但會開在樹枝上，也會直接開在樹幹上，植物學中稱為「幹生花」。而且當可可樹成熟後，會有一邊結果一邊開花的現象。

不過可可花能夠結成果實的比例並不高，大約一千朵花之中，只有一朵花可以結成一個橢圓形的果實豆莢，經過四到六個月後才會成熟。

成熟後的果實長度大約在二十五到三十公分，重量約五百公克，果實的外殼顏色呈橘黃色或紫色。

以彎刀將可可豆果實剖開時，裡面通常會有二十至三十顆種子，就是我們所說的可可豆，也就是現今用來製作巧克力的原料。

一般而言，可可樹至少要有五年的樹齡，所產出的可可豆才有經濟價值。當可可樹的樹齡達十五年時，是可可樹的結實高峰期，可一直延續到三十年左右，之後可可樹便會逐步老化，到四十年後便不具生產價植。基本上，每棵可可樹一年平均只能收穫一至兩公

種植可可樹的農人，圖片提供／Michel Cluizel

斤的可可豆。

來自古老的傳說

　　巧克力是歐美非常風行的甜品，近年甚至逐漸擴及至亞洲等地，但早在馬雅文化時期，可可豆就已被廣泛運用。

　　根據紀錄，可可樹是由馬雅人引進墨西哥一帶種植，但確實的年代已不可考。

　　由於當時阿茲特克族為馬雅各族的統治者，因此大部分的資料都記載著可可的起源來自於阿茲特克人。

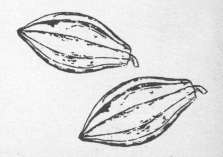

可可樹的果實，圖片提供／Michel Cluizel

在中國遠古還沒有發明貨幣的年代，人們會以貝類做為錢幣來使用。阿茲特克人也曾將可可豆當成貨幣使用，不但可以買日常用品，還能拿來換奴隸，幾乎可視為財富的象徵。

不過可可豆除了當錢幣使用，還可以食用，一開始甚至被王公貴族當成延年益壽的藥材。據說阿茲特克最後一任皇帝便將其視為長生不老藥。他差使奴僕將可可豆磨碎，再加入香草豆等原料後，加水沖調成一種有點黏稠的飲品，倒在以純金打造的杯子中，每天至少飲用五十杯。

事實上，可可豆一開始被人類食用的部分是包覆在種子外的果肉和纖維質，並不是被視為可可豆的種子。就像我們食用木瓜時，也都是取用種子外的果肉部分。

然而，一場森林大火卻讓可可豆的特殊香氣飄散了出來，人們才開始把可可豆烘烤後磨碎並調成飲料飲用。

生平第一次的堅持，不過……

佩容小妹
有話說

　　我真正對念書開竅，是在進入高職以後。不過原因說來有點好笑，那全是因為老師考前都會跟大家說要考哪幾頁，只要認真把老師說的部分背好，絕對可以考高分。

　　我到現在都還不明瞭老師這麼做的目的，是想讓大家有自信呢？還是覺得考太差會讓她沒面子？但是不管怎麼說，因為這種「提點」的方式，讓我第一次感到有努力就有收穫的喜悅，也讓我對念書不再這麼排斥，甚至慢慢的喜歡念書。因此高職畢業後，我便萬丈雄心的要報考大學，心想當個大學生也比較有出路。

　　當時媽媽和姐姐都勸我先考二專、再考二技就好，不管是課業或經濟壓力上的負擔都可以小一些。但是雖然我已不那麼排斥念書，不過對考試還是敬而遠之。

　　心想著，與其考完二專後再考二技，要考兩次試，還不如一口氣就考大學念四年，省事多了。

　　於是，從懂事以來，我第一次自己做了這個重大決定，並堅持照自己的方法做：報考大學。沒想到，結果並不理想。雖然我考上了，但卻是私立的，位在新竹的元培技術學院。

理想抵不過現實

私立學校的學費還真不是普通的貴,當時在工地工作的老爸,因為長期搬運重物造成職業傷害在家中休息,家中的經濟情況不好,爸媽沒有辦法幫我負擔學費,我只好去辦助學貸款。

每個月要付的貸款再加上生活開銷,讓我筋疲力盡。撐了一個月後,我的堅持敵不過現實殘酷的考驗,我休學了!

休學後的我,最重要的就是把欠銀行的助學貸款趕緊還清。由於姐姐也還在台中念書,為了省些錢,又不想回台南找工作的我,就留在台中找工作。

在聽姐姐的建議到麵包店當門市小姐前,其實我還到餐廳當過服務生。那時剛辦休學的我很迷惘,本來就已沒有自信,因為休學的挫折更覺得自己什麼事都做不好,在報上看到台中一間飯店的歐式自助餐廳要應徵服務生時,心想著雖然自己啥都不會,但端盤子總沒問題吧!

只不過那個工作我只做了一星期就落跑,因為實在太累了!大家或許覺得吃到飽就是要盡情吃才划得來,所以一盤接一盤的拿,盤子也是一個接一個的換。

每次我捧了一大疊盤子就定位後,沒多久又被客人拿光了,我

當時都在心裡暗罵著，「你們可不可以少吃點啊！」

　　盤子又重又多，拿完了盤子再補上不足的菜色，補完了菜又得去收拾客人留下的空盤子，不停的走動和搬運，讓我不過一個星期就全身酸痛，體重也馬上少了三公斤，還真不是一個可以久待的工作。眼見苗頭不對，我當然馬上辭職，也顧不得一周下來做的白工了！我可不希望自己的債還沒還清就先累死！

　　老姐看我工作不順又不知該如何是好，於是建議我去麵包店當門市小姐，既可以滿足口腹之欲，又不需要有太多的資歷。不管有沒有自信，客人把麵包拿來後結帳這種簡單事總沒有問題吧！就這樣，我開始為時大約兩年的「肥胖之旅」！

　　到現在，我還是不確定休學的決定是否正確，但我知道，那時如果不做這個決定，我現在應該一屁股債吧！當時如果我聽家人的話，先考二專，說不定可以考上公立學校，現在的我就算不是大學生，也可以算是一個大專生了。不過，誰知道呢？事情已經過去，應該不重要了吧！

　　我有個很大的特點，就是不太會後悔自己做了哪些事，或者沒做過哪些事。而且不知道是不是記性不好，我也不怎麼會去回想以前的事，只是不知道這算優點還是缺點！？

緣分，
就是那麼難以捉摸

宗恩老闆
有話說

說實話，佩容並不是我應徵進來的，更確切的說，除非是主管級的職位，我才親自面試，否則我會將找人的權限交給相關部門的主管或廠長。

有興趣就有效率

從事烘焙業的人大多是男孩子，一方面可能是因為烘焙常要接觸烤箱，再加上揉麵糰比較費力，而讓女孩子興趣缺缺。畢竟烤箱的熱和女孩子喜歡去SPA泡湯、做蒸氣浴，是兩碼子事。

不過另一方面也因為有些烘焙店的老闆比較喜歡找男孩子，而且是已經退伍的。理由除了男孩子的體力好，已退伍的男孩子也不會面臨進來一年後又要離職的問題。

然而我倒是沒有這些顧忌，只要願意到這行學習的人，不管是年齡、性別，我都沒有任何設限。因此在亞尼克的工作環境中，有阿姨輩的同事、也可以看到剛從學校畢業的孩子，不論男女或各種年齡的人都有。

有些人進來後很多東西都還不懂，但就慢慢學，不管是教育訓練課程或實際操作，他們都有很多學習的機會。其中，有些人會越來越進步，從一個小學徒到主管的位置，甚至發掘出自己的興趣，

佩容就是一個例子。

　　在甜點的領域中，有很多不同的面向，一個甜點師可以做麵包、蛋糕，也可以做西點，當然也可以做巧克力……。佩容在進入巧克力的領域前，或說是進入亞尼克前，轉換過不少不同性質的工作，有當過門市小姐，有學過做麵包、蛋糕，一直到學做巧克力，她才發現自己的興趣和專長，而這些發現是透過她從工作和比賽中獲得。

　　記得我還在當學徒、還沒出師的時候，也常換過一間又一間的麵包店，甚至為了更瞭解各種原物料的特性，還到過一間頗具規模的食品原料廠工作。在不同的轉換與體驗中，我才慢慢找出自己日後想從事的工作，同時發掘出自己的特長，也才會有現在的亞尼克。這一切，總要在不斷的嘗試中才能找到答案。

把握機運努力衝刺

很多事情都是冥冥中就註定好，要強求也強求不了，想躲也不見得閃得掉。

我受人之邀參加世界盃的比賽便是一種緣分。

原本我想參加台灣區的比賽還還人情債就算了，沒想到一比變成第一名，之後又到新加坡參加亞洲區的比賽。

在亞洲區的比賽中，又獲得到法國參加決賽的資格。就這樣一步步越來越靠近巧克力，也讓我真正瞭解巧克力。

相較於我參加世界盃的比賽是個緣分，佩容在不經意間學習巧克力也是種緣分。因為剛好巧克力房缺人，主管又希望能找位女

生比較細心，佩容就這樣開始了巧克力甜點師的起步，從小學徒開始，到今天成為獨當一面的主管。

很多時候有很多機會其實都不是刻意安排的，但它就是發生了。當一個好機會出現在眼前時，雖然我們是被動的面對，但若能以積極正面的心態去處理，這個好機會就非常有可能啟動你未來不一樣的發展，讓你成就另一個不同的自己。

佩容從一個沒自信的小女生到現在的發展是一個例子，我能夠在亞尼克之外發展安娜可可巧克力，甚至一掃當年亞尼克可可坊失敗的陰霾，也是我掌握機會並積極應對的例子。

人們說「機會來得巧，不如來得妙」，我想這「巧」與「妙」之間的差別，應該就在於當事者的態度和處理方式吧！

天天都有
桑拿浴的開始！

佩容小妹
有話說

　　如果問我當門市小姐有什麼缺點，我會說「跟客人互動」！不過與其說那是缺點，應該說是因為我本來就不擅於跟不熟的人溝通。

　　門市小姐遇到客人詢問產品時，要能夠很清楚的介紹，偏偏我是那種嘴巴很笨的人，每次遇到這種狀況就結結巴巴。或許旁人不在意，可是我就覺得自己很蠢，沒把該做的事做好，甚至覺得如果客人後來沒買，是因為我介紹得不好！

有興趣才有熱忱

　　當門市小姐的兩年間，應該是我目前為止最胖的一段時期。喜歡吃麵包的我，不但三餐都在店內解決，就連打烊後賣不完的麵包也帶回家當宵夜，不胖才怪！

　　賣麵包的工作讓我過得很安逸，從日漸發福的身材就可瞭解所謂的心寬體胖是怎麼一回事，但我始終不習慣跟客人頻繁的互動，再加上店內的老同事紛紛因為換了新工作而離開，也讓我開始有換工作的念頭。

　　這時，老是「指點」我的老姐又「開示」了，「如果你可以學學怎麼做麵包、蛋糕，還可以把自己做的東西賣給人家吃，不是很

棒嗎？而不是像現在這樣，都是賣別人做的東西。」

　　老姐的話吸引了我，「賣自己做的東西給人家吃」的想法，還真是不錯耶！而且我本來就是念食品加工，已經學過怎麼做麵包啊！

　　由於當時在台中念書的老姐準備畢業，不再住在台中，於是我便搬回台南，找到一家只做雜糧麵包的麵包店當學徒。

　　不同於門市小姐在店面負責產品的販售，麵包學徒的工作場所當然就是在門市後的廚房。跟人來人往的店頭相比，廚房的環境絕對差很多，除了各種製作麵包的機器盤踞廚房外，各種原物料像是麵粉、麥粉、糖……等，也充斥在工作的空間中。

　　離開學校後，這是我第一次進入廚房工作，有些新鮮與期待。不過畢竟只是學徒，我的主要工作就是負責顧烤箱。

　　沒錯，就是顧烤箱！但是別以為只有這麼簡單，除了這檔事外，其他除了做麵包外的雜事，也都是我的工作，像是打掃、清洗用具等。說白了，所謂的學徒就是打雜的啦！

　　每天早上七點半到店裡後，我的第一件任務就是把廚房的地面清掃乾淨，接下來就是把師傅要用的工具放好定位，烤箱做好預熱……等準備工作。

　　學徒身分的我，還沒有資格揉麵糰，只有在一旁看師傅處理的份！當師傅把麵糰塑好型後，將成品放進烤箱，我就要隨時注意烤箱的溫度，也協助師傅處理下一批麵包的製作。

難以招架的熱

　　每當烤箱「噹」的一響時，就表示麵包好了，我就要戴上厚厚的棉布手套打開烤箱。店內專業用的烤箱跟家裡的小烤箱不一樣，又大又熱，每回小心翼翼的打開門之後，烤箱的熱氣直撲而來，我都可以感覺自己臉上的毛孔都打開了！

　　雖然剛出爐的麵包真的很香，但是因為每天進進出出打開烤箱的熱對我來說更深刻，反而減低了我對麵包的欲望，原本在麵包店當門市小姐而體重直線上升的我，不到半年的時間就完全瘦回原形！

當時那間小麵包店的前後任老闆，都是極度熱愛麵包的人。八、九年前在台南一個小地方，他們竟然只做由不同穀類、雜糧組合而成的歐式麵包，一直到我離開的那一年，店內才開始製作一些蛋糕產品。不過說是蛋糕產品，也是那種最簡單的海綿蛋糕或是最普通的奶油蛋糕，沒有其他的特別樣式。

雖然產品的選擇性少，但是由於做出了口碑，店內的生意一直還算不錯。現在有時放假回台南，我都還會回店裡看看，客人還不少呢！

關於巧克力的驚嘆號

從貨幣、飲料
到風行世界的甜點

　　巧克力在甜品市場中可說獨樹一幟，不管你是否對它入迷，一到了情人節，巧克力已成為最應景的禮物，絕對是不爭的事實。

　　獨特的香味和口感，當然是巧克力能占據消費者心中最愛的重要因素，但是它充滿神祕又曲折的歷史，也為它增添了不少的文化與內涵，讓大家在品嘗巧克力之餘，又多了些風雅韻事。

遠渡重洋的驚喜

　　可可樹的學名是Theobroma cacao，在希臘文中，字首Theo有「神的」意思，字尾broma的涵義即為食物，兩者相結合有「神的食物」之意。

　　對當時的阿茲特克人來說，可可豆的地位崇高不僅是因為具有商業用途、可食用，更具有宗教的意涵。

　　簡單來說，就如Theobroma字面的涵義，阿茲特克人將其視為神祇賜與的食物。至於源由，或許來自阿茲特克一個古老的故事。

　　傳說曾有一位阿茲特克公主的駙馬被敵人擄獲，為了保護皇族的藏寶地，他堅決不透露這個屬於皇家的祕密，因而被敵人殺害。受阿茲特克人信奉、代表著死亡和重生的羽蛇神（Plumed serpent），為了表彰駙馬的勇氣與忠誠，便在駙馬流血之處生長出可可樹。

　　可可樹結成的果實中有許多種子，就是被用來做成巧克力的可可豆，內含的苦味代表駙馬被殺害時的痛苦；而可可豆赭紅色的外表，則象徵他所流的鮮血。也就是這樣的傳說，讓巧克力飲品成為阿茲特克人向天祈禱時非常重要的祭品。

　　不過，巧克力到底是如何傳進歐洲，並讓他們為之風靡呢？

　　其實，最早接觸到可可豆的歐洲人是哥倫布，當他航行海外尋找新大陸時，曾遇過滿載著各種物品，包括可可豆的原住民小船，對方想以船上的貨品跟哥倫布交換東西，不過哥倫布根本沒看過可可豆，更不知道它有什麼用處。雖然原住民泡了一杯由可可豆研磨而成的飲料給哥倫布喝，但他覺得既苦又澀，完全不感興趣，便拿走船上其他的交換物品，獨留下貌不驚人的可可豆。

　　直到十六世紀中左右，西班牙的探險家科特茲（Hemando Cortes）航行到中美洲附近，才讓當初被哥倫布棄之如敝屣的可可

豆有機會流傳到歐洲。

　　科特茲剛到墨西哥一帶時，當地人不但將由可可豆磨製成的珍貴飲料獻給他飲用，還送可可豆給他。

　　雖然科特茲不是很習慣這種看起來黑壓壓的飲料，但是看到原住民們靠著喝這種飲料應付一整天繁重的工作，覺得這果實一定蘊含極多的養分，便欣然接受大家的好意，將原本只屬於中美洲原住民的可可豆帶回歐洲。

　　科特茲將可可豆帶回西班牙獻給當時的國王，並告知國王它的神奇作用後，國王非常高興，不但將可可豆磨成粉泡製為飲料享用，並將蜂蜜等一些具甜味的成分加入飲料中，去除可可豆粉的苦味。

　　沒多久，這種由可可豆製成的飲料便在歐洲風行起來，而科特茲也成為讓巧克力日後有機會風靡歐洲，甚至發展到今天龐大商機的最大功臣。

2

「超級甜點控」
就是我

說起對巧克力的熱愛，
那可是我從小就愛的味道。

到學校的合作社或糖果店
買那種裡面包著爆米花、
外面裹著薄薄巧克力糖衣的巧克力糖，
是我對巧克力最初的記憶。

我對巧克力的熱愛，
簡直到「可以拿來當飯吃」的境地。

拜託，
讓我回家睡覺吧！

佩容小妹
有話說

　　在麵包店顧了半年多的烤箱後，我總算慢慢有機會跟師傅學習揉麵糰、做麵包。

　　念書時，除了學科的學習外，術科也是重要的一環。我念的是食品加工，不像家政科會教很多不同甜點的作法，因此除了一些罐裝食品、冷凍食品的製作技巧外，在西點中，我們學習比較多的部分只有麵包的製作。

　　當時我們每星期都有一堂實習課，老師會在課堂上教我們如何做麵包。因此當我總算「有資格」可以碰麵糰、做麵包時，那些做法的大概程序對我來說，雖然談不上駕輕就熟，但並不算陌生。

　　只不過麵包要做得好吃，就要靠師傅的教導和自己不斷的練習體會。現在麵包店大都有很多器具可以利用，譬如打蛋器和攪拌麵粉的機器，節省大家不少時間和力氣。不過這些設備只能協助製作大量麵包，若要判斷麵粉該攪到怎麼樣的程度才算剛剛好，就要靠師傅的經驗和技術了。

　　一開始，我先跟著師傅學習揉麵糰，接著將麵糰分成一個個秤重，再將原本看起來長得差不多的小麵糰型塑成麵包的樣子，每天的工作就在規律的進度中度過。

　　等我慢慢熟悉做麵包的技巧後，店內剛好又請了新的西點師傅負責新產品的研發製作，我便多了學習做蛋糕的機會。

日以繼夜的工作

　　一樣是烘焙，但做蛋糕和做麵包卻有很大的不同。對我而言，在麵包店的學徒生涯中，比較新鮮的是蛋糕的製作。

　　做麵包的主要工夫在於對麵粉的掌控，做蛋糕的要訣則是打蛋時的力度拿捏。或許是沒接觸過比較新鮮吧！我對做蛋糕的興趣還滿濃厚的，每回看到剛烤出來的蓬鬆蛋糕就覺得很開心，更想一大口咬下去！

　　原本只賣雜糧麵包的店面，加入蛋糕等其他烘焙點心後，我的工作項目更多樣了。每天我先要負責處理香草、巧克力、伯爵茶口味的戚風蛋糕體，等蛋糕烤好後，就交給師傅做加工夾層和裝飾，接著再繼續處理泡芙、海綿蛋糕派皮、或是烤布丁等不同的甜點。

　　不過，烘焙業真的很辛苦，不瞭解的人可能會覺得我們每天都跟蛋糕、麵包為伍，充滿了香氣，甚至誤以為，一旦把麵糰、蛋糕體放進烤箱，師傅們就可以坐下來喝茶聊天！我可以保證，這絕對是天大的幻想啊！

　　每到年底就是店內最忙的時刻，代表我們要開始過著「不能下班」的日子。

　　記得有一年已經清晨四點了，我卻還蹲在烤箱前，因為我的烤布丁還沒出爐啦！

　　那段忙到熊貓眼的日子裡，店內的師傅和學徒都是把紙箱拆開鋪在地上輪流睡覺。每個人大約可以睡三小時，三小時後就換別人休息，自己起來繼續做，一直到把訂單做完才可以下班。

　　有時做到晚上，師傅會叫我們先回家吃晚飯或洗個澡，之後再回公司繼續做。

　　說真的，如果不是有興趣，一般人應該做兩天就會想落跑！就算那些麵包、蛋糕有多香，一天十幾個小時下來，嗅覺大概也都沒感覺了，剩下的只有全身的酸痛！

　　不過，累歸累，烘焙這一行還真是滿適合我的，喜歡吃的我，對甜點更是喜愛，不管吃多少都不會膩，也難怪我一直在這行裡轉來轉去不願離開！

讓我好氣
又好笑的單純

宗恩老闆
有話說

我一直非常鼓勵公司的師傅多參加比賽，多讓自己的作品被看見、多接受一些磨練。因此我隨時會注意產業中比較有指標性的大小比賽，鼓勵店內的員工參與。至於準備比賽需要的材料與費用都由公司負擔，參加者最重要的就是把技術練好。

從比賽中獲得肯定

其實，師傅們參加比賽，有得獎當然最好，若沒得獎，也可藉由一次次的經驗累積能量，慢慢發現自己真正的潛力，終有一天會開花結果。

社會畢竟是現實的，在你沒有任何成就之前，別人怎麼會注意到你？台灣有多少的甜點師傅，但是被看見的又有幾位？如果只是每天默默的在廚房中揉麵糰、打蛋……，大家又怎麼有機會瞭解你的能力有多好？

在我們這個注重技術的行業中，參加比賽是最容易被注意到的方式，吳寶春師傅就是一個最好的例子。在參加國際麵包比賽獲獎前，有多少人認識他？如果不是拿了一個大獎，他又怎麼會有展現作品的機會？

　　為了讓店內師傅都可以受到肯定，每年我會讓不同的師傅參與各種比賽，這也是進入亞尼克工作的師傅一項特別任務。在同樣的心態下，從二〇〇六年開始，我便鼓勵佩容參加台灣區蛋糕協會每年一度的巧克力職業組比賽。

初出茅廬的大將之風

　　蛋糕協會每年舉辦的巧克力比賽是項大型比賽，在台灣區得到冠軍的師傅，就有機會代表台灣到日本參加比賽。在佩容進入巧克力房工作一年多後，總是認真負責的她，被我列為重點栽培的對象，為了增加她的經驗，我便讓她參加二〇〇六年台灣蛋糕協會舉辦的巧克力比賽。

　　在第一次的比賽中，佩容畢竟還是一個製作巧克力的新手，很多技巧都還不夠純熟，對手製巧克力的色澤、風味等要素也還不能精確掌握，因此只得到亞軍。

　　不過這對一個剛起步的巧克力師傅來說，已經算是難能可貴，也讓我看見她在巧克力製作上的潛力。

　　通常我讓師傅參加比賽，都會有一些原則和標準。例如，台灣蛋糕協會每年一次的巧克力比賽算是大型比賽，如果師傅已經參加過大比賽，我就不會讓她參加小型比賽，一來沒有挑戰性，二來也防止如果一個不小心，沒拿到更好的名次，對師傅的經歷反而有害無益。

　　因此當佩容第一次參加大比賽就拿到第二名，接下來我就不鼓勵她再參加其他的小比賽，而只專注在每年一度由台灣蛋糕協會舉辦的比賽。我想幾次的練習和比賽下來，至少可以慢慢培養她的自信心，也可以讓業界開始注意到這塊樸玉。

　　從我進入烘焙業開始，就一直把培育更多的優秀人才視為目標，甚至期許自己有天能夠成立一間學校，培養更多的烘焙菁英。

努力做事的傻勁

　　跟很多年輕人比起來，佩容絕不是那種聰明的孩子，但她最大的優點就是踏實認真。對我來說，這是我願意花這麼多心力栽培她的原因。

　　不管是送她到義大利、比利時上課參觀，或是要她參加比賽，甚至後來想幫她開一間巧克力店，都是因為她踏實的個性。

在佩容身上，看不到投機取巧的事情。如果每天的工作清單有五項，她是那種做到八項才會收工的人。有時如果她隔天要休假，為了擔心同事來不及處理訂單，她還會事先把能夠處理的工作先做完，因此她常常在休假前一天加班到很晚。

跟時下很多年輕人多做一些事，就馬上開口跟老闆要求加薪、給獎金的人相比，佩容更在意自己有沒有盡到責任的個性，讓身為老闆的我覺得很窩心。

即便她覺得壓力很大或工作很多，即便她拿了一個大獎回來，都依然保持著不變的工作態度。對我來說，這樣的員工很珍貴，更是我願意花精神與金錢栽培她的主因。

我不清楚別的老闆如何選擇願意花心力栽培的員工，不過從我的角度來看，尤其是我們這一行，穩重的個性最重要；否則就算員工再有天分，卻不認真踏實，總愛耍些小花招，我也不會想栽培他。

從事跟「吃」有關的行業，搞些小花樣只能應付得了一時，路遙知馬力，長久下來一定會失敗。因此我應徵任何人才時，雖不會有任何偏見、保持開放的心態，但在選擇重點栽培的種子員工時，卻會細心觀察，並以純樸又不計較的個性為要。

　　佩容讓人覺得好氣又好笑的「古意」個性常讓我印象深刻，例如有一年情人節，她因為擔心出貨來不及，門市會失去衝刺營業額的機會，所以卯起來做，沒想到後來結算數量時，竟然多做了近一萬顆巧克力。

　　對於這件事我雖然也小念了她一下，卻讓我更體認到她單純的傻勁。如果換成一個比較有心思的孩子，搞不好還會少做一點，能省些事就省些事，何必自討苦吃，增加自己的工作壓力！

　　也因為佩容是個這麼不一樣的孩子，當她獲得日本蛋糕博覽會巧克力競賽技藝的大會會長賞後，我更興起協助她創業的念頭，沒想到她竟然「不要！」只想單純的當個巧克力甜點師。

　　我只能說，或許就是因為她的純粹，讓她能夠在短時間內獲得成功！

蛋糕麵包，
傻傻的分不清楚

佩容小妹
有話說

　　看到巧克力店一間接著一間開，即便不懂得市場也不瞭解怎麼做生意的我，也感受到巧克力越來越受到大家的重視。令人開心的是，向來不追逐流行的我，竟在不知不覺間趕上了這股潮流，還當起了巧克力師傅！

　　不過這一切的開端，應該要感謝我在台南學到的烘焙基本功，如果沒有那些根基，我應該就沒有現在的成績了。

穩穩做，慢慢學

　　我不是一個喜歡轉換工作的人，因為我常會安於現狀，更擔心一旦脫離現有的環境，會因為不適應而不開心。但是老姐對我累到翻的樣子看不下去，於是又開始循循善誘，要我找一個更有發展的工作環境。

　　仔細思考後，我離開台南到台北工作。不過在台南麵包店的學習，算是我在烘焙業起步的啟蒙，如果沒有經歷那段時間的磨練，我應該沒能力和機會到台北工作，更別說之後有機會可以接觸到巧克力的領域，甚至慢慢蛻變為一個更有自信的我。

　　一路走來，我覺得幸好自己曾有過做麵包、蛋糕的經驗，因此接觸巧克力時，即便所有的作法、概念完全不一樣，但在一些手感

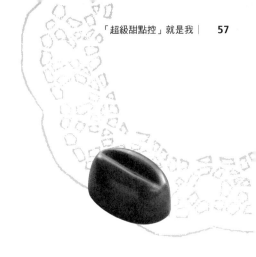

的掌控上，還是比較能快速進入狀況。

　　以前在台南的師傅就曾經跟我說，製作麵包的程序看似簡單，卻也是最難做的，因為麵包好不好吃，就看師傅揉捏麵糰的功力到不到位。

　　念職校時，食品加工科每一個學生都要在畢業前拿到丙級烘焙師的職照，因此在校三年學得最多的，當然就是做麵包。麵包因為要發酵，耗費的時間長，要花的體力也最多。

　　記得在學校時，我們最常做的就是吐司麵包。每回一個烤盤上放上好幾條吐司送進烤箱中，光抬起來就要費一番力氣，若是太瘦弱，抬幾次可能會受不了，因為每一條吐司可都是扎扎實實的麵糰做成。

　　不知道是否因為這樣的關係，我的力氣還算滿大的，我想可能做烘焙的女生應該都有這種「女力士」的特徵吧！

　　因此我不喜歡太瘦弱的男生，長相斯文還可以，但若連身材都瘦瘦乾乾的，我就會覺得實在太弱了！

　　在台南當學徒時，算是我第一次有機會碰到蛋糕類的產品，雖然都是最基本的海綿蛋糕、戚風蛋糕或奶油蛋糕，但卻花了我差不多一年時間才比較能掌握打蛋時的力度。

吃快反而弄破碗

　　說起蛋糕的製作，一個好吃的蛋糕至少要蓬鬆又細滑綿密，絕對沒有人喜歡吃又乾又硬的蛋糕吧！可是做蛋糕的程序不只比麵包多，而且又複雜。

　　光是打蛋，有的是要先打蛋白、再打蛋黃，有的是蛋白、蛋黃一起打，更有的是要把奶油加進去一起攪拌。除了該分清楚做哪款蛋糕要用哪種程序和步驟，更要能辨識把蛋打到什麼程度，才能烤出最好吃又漂亮的蛋糕。

　　不僅打蛋要學習，將蛋糕放到烤箱後，什麼時候可以拿出來，又是一門學問！

　　記得第一次師傅教我做蛋糕時，她一邊做，我一邊在旁邊看，等她做好後，我就把已放入模型中的麵糊放入烤箱。

　　如果是烤吐司，當顏色呈金黃色、麵糰蓬鬆後，就可將烤箱中的吐司模型拿出，並用力敲打將吐司脫模。那一次，我把蛋糕模型放入烤箱後就一直仔細觀察，等到蛋糕外表呈現金黃色並蓬鬆後，我立刻像處理吐司一樣，把模型拿出來並用力敲打。

　　師傅看到我的舉動，馬上大叫了一聲，而模型中原本蓬鬆的蛋糕體也立刻塌陷了下去。

　　之後我才知道，烤蛋糕和烤麵包是不一樣的。蛋糕的外表成形後，不能馬上拿出來，因為此時蛋糕的內部還沒有完全成形，要把烤箱轉成最小火，繼續烤到讓內部定型才可以。

　　雖然事後師傅並沒有責罵我，只簡單的跟我說，「你至少應該先問一聲再做！」卻讓我覺得非常愧疚，本來想自作聰明的幫忙，沒想到反而越幫越忙，把師傅好不容易打好的蛋全毀了，真是讓我想鑽到桌子底下！

關於巧克力的驚嘆號

如同葡萄酒一樣的莊園巧克力

巴布紐幾內亞‧瑪拉露蜜莊園

　　話說，繼咖啡之後，近幾年葡萄酒也時興起產地這檔事。一時間，不管書籍或媒體都大肆倡導葡萄酒的好壞不在價格的高低、年份的遠近，只要優良的葡萄品種搭配適當的風土條件，即便單價低的葡萄酒，也能讓人驚豔。

　　相對的，再高貴的葡萄品種，若栽種在不合宜的風土條件，沒有遇到對的釀酒師，也會使原本的瓊漿玉液變得難以入口。這概念就如同中國人常說的「天時，地利，人和」，只不過以往這句詞大都用在一個人的時運際遇，在講究品味的今天，用來描述葡萄美酒的選擇與評量也非常適切。

　　正因為講究天時地利人和，使法國的葡萄酒文化有Grand Cru這個詞的存在，意思就是「最棒的栽培」。除了Grand Cru，在法國只要提到葡萄酒，一定會提到的另一個詞就是terroir，意思是「風土」。

　　所謂「最棒的栽培」，是指葡萄生長的風土條件是最合宜的。而風土條件包含了土壤、葡萄園所在區域的氣候、適合此土壤氣候的葡萄品種；這三大要素，也使釀製出的葡萄酒擁有不同的特色與風味。也因為「最棒的栽培」與「風土」兩大概念，衍生出現今行家在品嘗葡萄酒時，除了年份外，也非常重視「莊園」的選擇。

非洲聖多美島‧
格拉辛達莊園

委內瑞拉‧康賽普斯莊園

聖多明哥‧
羅安哥娜莊園

馬達加斯加‧曼哥羅莊園
以上所有圖片提供／Michel Cluizel

巧克力也重視風土條件

　　在什麼都講究極致品味的今天，除了葡萄酒有不同以往的賞味標準，就連巧克力也有特別的品嘗方式。以往，大家吃巧克力除了在乎是否濃、純、香，進一步就是在意巧克力含量的百分比。事實上，不少人認為百分比越高就越美味，其實都是錯誤的認知。

　　百分比的高低，只在於巧克力中所含可可糊的比重，頂多代表吃進多少純度的巧克力，跟美味與否並沒有絕對的關係。

　　對人類的味蕾而言，最適合的巧克力比重在六十到七十之間。當你品嘗的巧克力比重超過百分之八十，由於可可豆本來就帶有苦味，你就會覺得吃進的不是香甜順口的巧克力，而是像帶有苦味的藥。

　　以百分比評斷巧克力的美味與否，就如同以價格評斷葡萄酒一樣，粗糙又不客觀。可可豆和葡萄都是大自然恩賜的果實，既然葡萄會因為不同的莊園與風土條件有不一樣的滋味，可可豆當然也有同樣的特性，自然也會因為相異的風土條件與區域產生各自的風味與特色。

　　尤其世界聞名的巧克力品牌，更重視可可豆的栽種條件。為了製作出最優良的巧克力產品，這些品牌甚至會以莊園契作和限量生產的方式，維持可可豆的品質和產出。

　　自法國推出世界上第一片強調單一莊園重要性的巧克力後，巧克力文化的發展進入另一階段的進程，它不再是遠古時代依附於神祇宗教的祭祀品、不只是被視為有商業利益、可取代貨幣的物品，大家在品嘗巧克力香醇的同時，也將它視為大自然的珍饈，探尋它的起源，不同風土條件又賦與它哪些特色。

圖片提供／Michel Cluizel

南部的孩子進城來！

佩容小妹
有話說

我沒有想過自己有一天會離家背井到台北工作！

台北和台南真是很不一樣，雖然我家也算是在台南的市中心，卻不會像台北市中心一樣，人多、車多，每個人看起來都好匆忙，剛來台北時，還真有點不適應。好在工作很忙碌，沒太多時間出去閒晃，再加上街道又不熟，平常不是待在工廠做蛋糕，就是回家睡大頭覺，可說是宅女一枚！

凡事新鮮凡事嘗

有機會到亞尼克工作要謝謝以前的同事。在我想要到台北找工作時，她跟我說台北的亞尼克蛋糕在徵人。我真的是孤陋寡聞，上網打了「亞尼克菓子工房」幾個字，才知道原來亞尼克這麼有名。

到官網看了一下，發現他們的產品好多種類，蛋糕、可頌都有，甚至還有巧克力，每一種看起來都好好吃、好漂亮，難怪很多網站和部落格都有介紹。

記得我特地從台南上台北應徵時，一到亞尼克總公司看到外面一大排鞋櫃，非常吃驚，擔心如果以後真來這裡上班，要跟這麼多人相處，會不會不習慣？

　　幸好擔心是多餘的，我不但幸運的進入亞尼克，公司的同事也很好相處。當時我是蛋糕裝飾部唯一的女生，雖然組長看來酷酷的，不過大家的互動都很親切，有時一邊工作還會一邊放些流行音樂，工作氣氛還滿開心的，沒有我之前想像的可怕。

　　雖然我對製作蛋糕不熟悉，不過亞尼克的工作大都是照著標準作業程序進行，有很清楚的圖片和步驟可以遵循。一開始我是上中班，也就是從中午十二點到晚上八點，主要的工作就是捲巧克力捲和咖啡捲。

　　大約一個月後，組長將我調成早班，從早上七點半工作到下午五點，並開始學習如何裝飾八吋的蛋糕，以及製作彌月蛋糕。

　　亞尼克畢竟是有制度的公司，工作流程不但有標準作業程序，也有電腦詳細地記錄各種產品和原料的進貨、庫存等事項。

　　從早上一上班、換上工作服以後，我就要開電腦查看一下今天的訂單有多少？剩餘的原料又有多少？需不需要再進貨？一切的資料和記錄都要進入電腦處理。

　　對我來說，這些都是學習，讓我瞭解在一個一百多人的公司中，該如何有條理的處理事情，又能準確的完成。

千載難逢的好機會

亞尼克在內湖的總公司是一整棟大樓，製作蛋糕的部門在樓上，樓下是門市和巧克力房。有時組長要我到巧克力房拿一些巧克力的裝飾片，我就見識到大排長龍的顧客等著買蛋糕。這是我在以前的公司沒見過的景象，心想，這真是一家有名的店啊！

說實話，跟之前在台南做麵包比起來，亞尼克的工作比較輕鬆，待遇和福利也好很多，而且我負責的蛋糕品項大都是慕思類，根本不用碰到烤箱，所以被烤箱「烘」得汗流浹背的問題，在這裡都沒有遇到。不過，卻有另一項問題，那就是進冷藏庫。

一直在南台灣生活的我，一向比較習慣溫暖的天氣和溫度。由於慕思蛋糕需放進冷藏庫保存，將蛋糕裝飾好以後，我還得將它們放進零下十幾度的冷凍庫冷藏定型。天啊！真是快凍死我了！

第一次進入冷藏室時，我就在心裡一直碎碎念著，「不會吧！沒有了烤箱，難道又要我到冰宮體驗？烘焙業還真是辛苦啊！我沒事進這行幹什麼呢？真是自討苦吃！」

沒想到兩個月後，巧克力房缺人手，蛋糕裝飾部當時就我一個女生，而巧克力部門的主管希望能找一個女生協助，就這樣，我在老闆吳宗恩的認可下，從蛋糕裝飾部調到了巧克力房。這一調，

就是好幾個年頭，我竟也慢慢的從一個小助手成為巧克力房的小主管。

像夥伴的名人老闆

到台北工作讓我這個南部小孩有很多不同的經歷，不論出國比賽或參訪，都讓我增加不少見聞。除此之外，台北的工作環境和老闆、同事間的相處，也讓我耳目一新。

我覺得自己很幸運，不論在哪裡工作，遇到的師傅或老闆都很好，大家也都很親切，我似乎沒遇過因為做錯事而被罵得體無完膚的主管。

不過亞尼克的老闆吳宗恩不只是親切，他跟所有同事的相處，包括我，像極了一起工作的夥伴。每回他要出國參訪或進修時，會親自把巧克力房和廠房內的所有機器檢查一遍，並把機器重新清洗一次。

然後召集所有人，叮嚀清洗機器要注意的事項，希望他不在公司的期間，大家能好好的把公司顧好，還一一跟我們握手，囑咐各自要注意的事情。

　　我常覺得這個人很有趣，明明已經是大老闆了，像這種清洗的事情，只要說一聲，我們去做就好，可是他就會自己先做一遍，再教我們怎麼做。

　　我家老闆令人驚異之處還不止這樣，最讓我嚇一跳的莫過於二〇〇九年我到日本參加巧克力比賽前，因為壓力大而跟他有些不愉快，事後，老闆找機會跟我聊他的心情和想法時，竟然在擦眼淚。

　　天啊！當時我真是怕到不行，心想，「完蛋了，把老闆氣哭了！」連忙不斷跟老闆道歉，請他不要難過和失望，我瞭解他對我的期許和苦心。

　　那次驚嚇讓我更感受到這老闆異於常人之處，不但完全沒有老闆架子，更是感性十足！忙的時候跟我們一起忙，激動的時候不是破口大罵，而是掉下眼淚……。但是說真的，他畢竟是我的老闆，就算跟他再怎麼是夥伴的感覺，把他氣哭總不是好事吧！

　　因此在那次經歷後，我更不敢隨便惹他生氣，很擔心一個不注意又讓他氣到哭，那我就真的完蛋了吧！

融化在舌尖的
絕妙滋味

真正瞭解巧克力前，巧克力在我眼中只是一項產品。也或許沒有吃到真正好吃的巧克力，讓我誤以為巧克力就只是甜和不甜、濃和不濃那麼簡單的分別。就因為這樣的誤解，讓我忽略巧克力擁有跟其他甜點完全不一樣的特性，而且是種充滿獨特個性的甜點。

法國里昂世界盃的啟發

到法國參加比賽是很不錯的經驗，我不但在這場比賽中感受到團隊合作的重要性，更因為比賽過程中受到的刺激，而到法國的巧克力名店搜購各款頂級的巧克力品嘗，試圖找出巧克力的迷人之處。

在這之前，雖然我曾經開過可可坊，但是坦白說，我並沒有像這回如此認真的研究過巧克力。當時只知道選擇有品牌與品質保證的巧克力，對巧克力的搭配口味與協調性，並沒有太深刻的瞭解。現在想起來，也難怪當初的可可坊會失敗；但是沒有失敗的過去，又怎麼會有現在的安娜可可藝術坊？

當下定決心重新在巧克力的領域站起來時，我嘗試以最美味的巧克力製作自己心目中的手作巧克力，不過卻失敗了。我發現，即便用最頂級的巧克力原料製作手製巧克力，卻沒有特色，不論加入

哪種內餡都不能突顯其風味。

　　這狀況讓我很擔心又情緒低落，找不出解決的辦法。那段時間，我幾乎嘗遍歐美各國的巧克力原料，卻找不到符合標準的產品。後來經過廠商的介紹，我接觸到法國米歇爾‧柯茲（Michel Cluizel）所謂的莊園巧克力系列。

　　這幾年，葡萄酒的熱潮正盛行，我對品嘗葡萄酒的標準在於莊園的風土條件等概念也有些瞭解，不過對巧克力也有莊園這回事可就沒聽過了，更不知道那跟一般巧克力有什麼不同。但是既然從一般的巧克力中找不到解決的辦法，就只好試試這種所謂的莊園巧克力了！

　　這一試，讓我嚇了一跳，並不是因為覺得它怎麼這麼好吃，而是好奇為何它的味道各有不同。巧克力不應該都是甜的嗎？怎麼每一款莊園巧克力的滋味都不一樣？

　　有的一開始吃，會有明顯的土壤風味，還有隱約的煙燻香，酸味不明顯，但兩頰的唾液卻會不由自主的分泌出來，妙的是最後帶有辛香及水果的氣息會停留在舌間，這是我從來沒有過的味覺感受。

　　我對這奇妙的感覺充滿了期待和好奇，後來甚至前往Michel Cluizel位於法國諾曼第的總公司和工廠參觀。經過無數次的試驗，

且經過該公司巧克力技師的說明，我總算慢慢找出 Michel Cluizel 五大莊園巧克力各自的特性。

將巧克力幻化成高級甜點

本以為決定好巧克力原料後，蘊釀出自有的特色產品並不是太困難，沒想到因為每個莊園的巧克力都太有個性，所以要找到可以

「匹配」的內餡反而很不容易。

　　經過一次又一次的失敗後，我乾脆運用設計甜點的概念，將手製巧克力塑造出富有內涵與層次的特色，例如大膽使用雙餡、雙層的構造；或是內餡及外殼淋模均使用不同的巧克力。

　　例如，以產自曼哥羅莊園具有熱帶水果風味的黑巧克力搭配橙皮口味的夾心、以帶有些許木質味的康賽普斯莊園黑巧克力搭配白蘭地、或是以帶有隱約煙燻香的格拉辛達莊園黑巧克力搭配焦糖和白巧克力……。

　　之後，我甚至為了營造滑順的內餡口感，還特別使用經法國政府AOC產區限定認證（現歐盟之AOP）的Isigny依思尼奶油、給宏得鹽之花有機海鹽與大溪地香草豆莢等頂級素材，以完整呈現巧克力的魅力，讓巧克力不單只是一種糖果，更是一種小而美的甜點，一口咬下，不只有巧克力，還可同時品嘗到不同層次的豐富內餡。

　　從無到有的過程，這一切雖然經過一些曲折，但總算有了起步。安娜可可經過一年的產品測試和通路調查後，正式開了第一間專門店。

　　我的巧克力產品從那時起，不但擁有自己的品牌名稱「安娜可可藝術坊」，也有了自己的窩，不再屈就於亞尼克的品牌下。我的巧克力夢，準備正式開始！

巧克力甜點師，
我來當！

佩容小妹
有話說

　　到現在，我都還清楚記得第一次到巧克力房跟師傅學做巧克力的狀況。

　　那天，師傅教我怎麼煮巧克力內餡，一邊煮著，師傅也一邊拿巧克力原料給我試吃：百分之五十五、六十、七十二等不同純度的巧克力原料，有截然不同的味道。

　　那時我才知道，原來巧克力原料直接就可以吃。不同比例的巧克力在我嘴裡慢慢融化，巧克力的香味和甘味充滿了口腔，我記得當時很自然的就說出「好幸福哦」！

　　說起對巧克力的熱愛，那可是我從小就愛的味道。記得小學時，我最喜歡到學校的合作社或糖果店買那種裡面包著爆米花、外面裹著薄薄巧克力糖衣的巧克力糖，那是我對巧克力最初的記憶。小小一包十塊錢，對當時的我來說，已經是最大的滿足。

　　更別說當時很熱門的「只溶你口，不溶你手的」M&M巧克力，甚至外表有著金色包裝的金莎巧克力了。那時只要有誰送我一粒金莎，我就可以高興一整天，找個地方慢慢的剝下金色包裝，再一口口慢慢品嘗從外到內不同的餡料和口感。

　　每逢過年時，糖果盒裡有著金元寶包裝和金色魚形包裝的巧克力糖，也是我的最愛。雖然現在已遍嘗各種高品質巧克力的我，知道這些糖不過是巧克力粉沖泡調製成的「類巧克力糖」，但對我依

然有莫大的吸引力。

　　每回過年，我都會把這些巧克力糖全都挑起來吃。也難怪同事總是驚訝我對巧克力的熱愛程度，簡直到「怎麼吃都不會膩，還可以拿來當飯吃」的境地。

　　有時想想，不管甜點或巧克力都是我的最愛，也因為喜歡，就更有動力做好，就算每天的工作程序一成不變，也不會覺得無聊，因為做出來的成品就是自己最愛吃的啊！

　　我曾看過一個卡通，主角是一對做鯛魚燒的父子，父親是做鯛魚燒的專家，兒子每天都看父親做著同樣的工作，而且成品出爐後都會先試吃一個。

　　有一天兒子問父親，「你天天都吃同樣的東西，不會覺得很膩、不想吃嗎？」父親說，「如果自己做的東西連自己都不想吃，怎麼還能希望別人喜歡吃呢？」

　　這道理就跟我為什麼認為自己已找到最合適的工作是一樣的。只要是巧克力，我永遠不會覺得膩，即便每天都身處在充滿巧克力味道的工作環境中、每天都要不停試吃巧克力的味道，我還是想吃巧克力；即便每天都與甜點為伍，我還是可以把蛋糕、麵包當飯吃。正因為我在自己喜歡的場所中工作，跟自己熱愛的巧克力一起生活！也就是由於我是這麼的喜愛這些，才可以讓我一直在這行中

努力著。

練膽量也練技術

　　不過，喜愛是一回事，做得好不好又是另一回事。即便學過蛋糕和麵包的作法，手製巧克力的原料也大同小異，不外乎是糖、奶油、牛奶……等，但一開始的前幾個月，我做的產品只有六成可以用，其他的都NG。

　　記得有一次老闆來看我們的工作情形，從冰箱的庫存看到我做的東西後，就很認真的對我說，「以後你再做這樣，我就罵『她』。」

　　「她」是指教我的女師傅。聽到老闆的話，我和師傅都很尷尬的笑著。之後我就更繃緊神經的學習，要求自己盡量不NG，免得把教我的師傅都一起拖累了！

　　事實上，除了操作上的適應問題，巧克力房的工作空間也讓我適應了好一陣子。

　　不同於以往南部的小麵包店，亞尼克不但有明亮的門市，還有設在百貨公司的櫃位，更有專業寬敞的烘焙工廠。就連製作巧克力

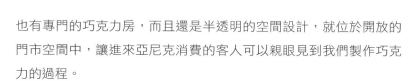

也有專門的巧克力房，而且還是半透明的空間設計，就位於開放的門市空間中，讓進來亞尼克消費的客人可以親眼見到我們製作巧克力的過程。

剛開始我很不習慣被客人「盯」著製作巧克力，而且常常會有客人一邊看一邊提出疑問。雖然都是些小問題，但我總會有種被人監視的感覺。有時客人一面看、一面誇讚我很厲害時，又覺得很不好意思。總之，如此的工作模式曾經讓我很不自在。

不過時間一久，或許就麻痺了。多年來，天天在巧克力房工作的我，對於被別人觀賞做巧克力這件事已經不怎麼在意，甚至到了「如入無人之境」，反正我做我的，他們看他們的。情緒或工作的節奏不會因為回答問題而被影響，無形中，我的膽量和自信似乎也增加了。

各異其趣的
五大莊園巧克力

可可樹主要分布在象牙海岸、迦納、印尼、奈及利亞和巴西等赤道附近地區，主要有三個品種：

源自墨西哥及南美的Criollo可可樹，屬於最珍貴的品種。由於不易栽重又易有蟲害，品質優良但數量少，香氣濃重卻不太有苦味和酸味，占現今可可豆總產量的百分之五。

第二個可可樹品種為Forastero，是產量最多的品種，占可可豆總產量的百分之八十五，源自亞馬遜河，後來以人工種植於西非及聖多美島。此品種的香味較淡，澀味、苦味與酸味卻比較重。

第三個品種是Trinitario可可樹，屬於Criollo和Forastero的混合品種，易栽培且品質也不錯。

除了可可樹的品種大致影響了可可豆的味道，如同前面曾提過的，種植所在地的風土條件更影響日後巧克力產品的風味及完美程度。因此頂級巧克力製造商為了實際掌控主要原料可可豆的品質，各可可產區的氣候、溫度、土壤及濕度都成為採購作業的嚴選要件。

供應全世界超過三十個國家，六千間以上的頂級糕餅店、米其林餐廳以及五星級飯店使用的Michel Cluizel巧克力，是全球少數堅持莊園契作的巧克力品牌。

不但對每座莊園的風土條件嚴格把關，當可可豆收成後，在製作巧克力的過程中，也以天然並經過品質認證的原料，加工製作出

Dominican
Republic

Venezuela

健康又各具當地獨特風味的頂級莊園巧克力。

　　例如以天然蔗糖取代甜菜根糖、採用馬達加斯加最好的波旁香草、不用香草精或化學香料增添巧克力的風味，更不添加其他植物油脂及大豆乳化劑來取代可可脂或乳化巧克力。

　　此外，如同葡萄酒所重視的Grand Cru與terroir，為了突顯各莊園與眾不同的特色，Michel Cluizel製作莊園巧克力時，絕不採用混合的可可豆原料。

　　目前Michel Cluizel的頂級莊園巧克力有五大系列，分別來自不同的可可五大產區，並橫跨非洲、大洋洲與南美洲。

● 康賽普斯莊園巧克力（Concepcion）

　　康賽普斯莊園位於南美洲委內瑞拉首都卡拉卡斯省東方的Barlovento地區。莊園內的可可樹為Criollo與Trinitario的混合種Caranero可可。

　　康賽普斯莊園所產製的巧克力，入口會先飄散出清新的香草味，當巧克力慢慢融化於舌尖後，又會層層傳遞出蜂蜜、焦糖的滋味，若細細體驗，還可感受到淡淡伴隨著黑莓果香的餘韻。

SasTome

Madagascar

• 羅安哥娜莊園巧克力（Los Ancones）

　　羅安哥娜莊園位處多明尼加共和國首都聖多明哥島，此莊園從一九〇三年起，便由在巧克力界享有盛譽的Rizek家族傳承管理，莊園內種植的可可樹品種為Trinitario。

　　羅安哥娜莊園巧克力蘊含豐富的果香，細細品嘗可以感受到紅莓、綠橄欖、紅醋栗及杏桃果的香氣慢慢的從舌尖擴散到口腔中。

• 曼哥羅莊園巧克力（Mangaro）

　　曼哥羅莊園地處熱帶雨林區的馬達加斯加島，四周被山林溪谷及芒果樹圍繞。此莊園的可可豆所製成的巧克力，不但濃郁可口，還帶有熱帶水果的微酸香氣，呈現出多層次的口感，特別能感受到些微柑橘類特有的酸味。

Papua New Guinea

• 瑪拉露蜜莊園巧克力（Maralumi）

位在南半球巴布亞紐幾內亞的瑪拉露蜜莊園，由於位在紐幾內亞海岸的熱帶雨林，所製作的巧克力口感圓潤滑順，細細品嘗可感受到新鮮香蕉、紅醋栗的香味，尾韻帶有些許烘烤的香氣，有種低調奢華的韻味，屬於女性喜愛的口感。

• 格拉辛達莊園巧克力（Vila Gracinda）

創建於十九世紀的格拉辛達莊園位在非洲的聖多美島（São Tomé），也是非洲第一個可可樹莊園。聖多美島為西部的火山島，向來有巧克力島的稱號。

此莊園被美麗的海岸線、椰子樹及羅望子樹圍繞，且擁有肥沃的火山灰深海泥層土，在得天獨厚的生長環境及氣候條件下，格拉辛達莊園的巧克力充滿強烈的氣味，甚至帶有淡淡的煙燻香，是款非常有個性並充滿男人味的巧克力。

3

歡迎光臨
巧克力的夢幻王國

還沒接觸手工巧克力以前，
我並不瞭解巧克力有這麼多的學問，
原來調溫巧克力
才保有原本巧克力含有的可可脂，
非調溫巧克力
卻是以植物性油脂加上可可粉
做出來的巧克力再製品。

原來，
工作可以
有學有玩又有吃！

佩容小妹
有話說

投入巧克力的懷抱後，除了工作中的實際操作，學習的機會也增多了。為了讓我這個原先只是愛吃巧克力的傢伙能盡快瞭解跟巧克力有關的一切，老闆安排我上了不少相關課程。

從台灣到歐洲的學習

一開始，公司安排我去一間原物料公司上一些跟巧克力有關的基本課程。課程中，講師先用投影機播放巧克力的製作過程，包括從產地的採收、發酵、乾燥、揀選、烘焙、研磨，到不同口味與比重的巧克力介紹。

所有課程是小班制教學，只有七、八個人，只要有問題都可以馬上發問。老師的講解也很詳細，跟我以前在學校上課常是一班幾十個人的效果比起來，小班制還真是仔細多了。

更特別的是，除了投影片的解說，還會有巧克力技師親自示範如何將巧克力融化和調溫，示範的同時，還會說明巧克力的歷史、起源、種類等。

整套課程非常的豐富有趣，並讓我很快的認識巧克力從原料到成品的製作，也更清楚知道自己每天不斷的把巧克力加熱又降溫的目的是什麼。

第一次去歐洲從機上鳥瞰。

之後，除了在國內的學習，老闆甚至安排我到歐洲、日本進修觀摩。當時我對老闆願意這樣花錢讓我到外面看世界，覺得非常感動。

事實上，在亞尼克除了學習巧克力的製作、發現自己對巧克力工作的喜愛外，老闆對員工技能的重視是另一個讓我覺得收穫豐富又特別的地方。

不只是我，公司的其他同事也常有不同的在職進修機會，這在我以往的工作環境中不曾有過，更別說還可以出國學習。

記得老闆第一次安排我到比利時上課觀摩，我非常的興奮。在那之前，雖然出過幾次國，但都是跟著旅行團到東南亞。那一回是我第一次到歐洲，而且是到尿尿小童的故鄉比利時，一個多浪漫的地方啊！

在十天的參訪中，除了三天的巧克力研習課程，其餘時間就在比利時街頭參觀精緻小巧的巧克力或甜點店。

歐洲有如明信片風景一樣的漂亮、浪漫，街道上的每間小店看起來都好精緻，就算是路旁的小攤販，攤位上的小點心每樣看來都漂亮又可口，讓人想大口咬下去。

對我這種嗜吃甜點的人來說，那裡簡直是我的天堂。但是我知道如果再待久一點，沒多久一定會變成大胖子。

　　遊覽各個店家和各種甜品讓我覺得很開心又新鮮，學習的課程也讓我更愛巧克力。從沒在國外上過課的我，對外籍老師生動的上課方式印象深刻，我沒想到原來上課也可以這麼有趣！

　　那些外國師傅總是一面教課、一面説笑話再一面示範，非常活潑。因此雖然只有短短的三天課程，卻讓我收穫很多。

從興趣中被激發的學習心

　　除了歐洲的學習與刺激，日本更是我們常去朝聖的地方，畢竟兩個多小時的飛機就可以到達了，而日本在做甜點上的精緻與講究，也是老闆很希望我們能從中學習的地方。

　　不論到哪個地方學習，我都感到很有趣又新鮮，更讓我的眼界大開。在這些經歷前，從小表現就不突出的我，從來沒想過原來工作可以這麼開心，有學、有玩還有薪水拿。

　　原本認為在廚房揉麵糰、當麵包師傅，或許就是我的工作寫照了，沒想到還有機會出國進修甚至比賽，這些都是我沒想過的事。一直以來我似乎都有點糊里糊塗的轉換著工作，沒有太明確的目標，所幸，我也慢慢找到自己真正的興趣和喜好。

到比利時上課。

課程結束還可以有證書。

　　更難得的是，本來對念書興趣缺缺的我，在這些內外交相的學習刺激下，竟也萌生想再度進修的念頭，不過不單是在巧克力的學習上，而是語言的學習。

　　幾次的參訪和比賽，讓我感受到語言的重要性。每回出國靠著翻譯才能瞭解老師上課的內容時，我心裡都會想，如果直接就能瞭解老師在說什麼該有多好！看來，我的向上心還真是被啟發得比較晚啊！

為了更好，
再次出發吧！

第一次接觸巧克力是不經意的選擇，也就不覺得有為巧克力設定品牌的需要。當第二次以憤發圖強的心意重新瞭解巧克力後，便深刻感受到為巧克力設立一個專屬品牌與定位的必要性。

三百六十度的要求

一提到巧克力這種浪漫的甜點，第一個想到的國家便是法國，而巧克力之所以從西班牙傳進法國，成為法國的時尚甜品是因為一個名為安娜的西班牙十四歲小公主遠嫁法國，將西班牙人從馬雅阿茲特克族那兒知道的巧克力，一起帶到了法國。

由於安娜是第一個將巧克力傳進法國的人，而我選擇的主要原料又大都從法國直接進口。此外，手製巧克力很重視色香味的面面俱到，製作過程如同一個藝術品般的講究，因此「安娜可可藝術坊」這個結合引進者與手製巧克力精神的名稱，便成為我重新出發後的新巧克力品牌。

不管是品牌定位、策略，或是產品的包裝、客戶的經營，安娜可可都和亞尼克有不同路線。

為了強調安娜可可在視覺、原料與口味的精緻化，從產品的陳列到包裝，都以黑、桃紅、銀三色的高雅質感呈現，不同於亞尼克

以紅色的溫暖親和色調為訴求。

　　安娜可可的每一項產品，講究的不只是美味，也強調新鮮與漂亮的光澤。就連一般人不會注意到的巧克力封口與底部的收尾，我都要求完美平順，每個環節都不能馬虎，不只要一百八十度的完美，而是要三百六十度，不管從哪個角度看都一樣漂亮、立體，這就是我重新開啟巧克力大門時對自己的期許。

創業不能只做理想

　　剛開始創立亞尼克時，非常辛苦又乏人問津；但當在媒體上爆紅時，又讓我措手不及，很多方向和作法都是在很倉促的狀況下決定，只能走一步算一步。

　　不過安娜可可的一切就有規律又有充分計畫，一方面是因為先前可可坊的失策讓我更加小心，另一方面則因亞尼克的經驗讓我覺得凡事不要急，安步當車才能把事情做好。

　　一開始，我先將內湖店的亞尼克闢出一塊區域，做為巧克力的展示處，不論櫥窗設計或產品擺設都自成一格，跟亞尼克的風格完全不同。經過一年的籌備，才在板橋開了第一間的安娜可可藝術坊專門店。

經過這一、兩年的累積，安娜可可果真慢慢走出自己的風格，也越來越獲得消費者的認同，最明顯的就是營業額的穩定成長。

開一間店絕不能只純做理想，又不是每個人都有萬貫家財、有富爸爸，一定要有利潤又有成長的空間才能永續經營，否則只是做個美美的店面，完全不估計成本利潤，到時只會一場空！這是我創業以後的深深體會！

啊！
壓力別來找我

佩容小妹
有話說

　　與其說我沒有太多的企圖心，還不如說我只是不想承受太多壓力，只想好好的在能夠掌控的範圍中，過著安安穩穩的日子、做著自己有興趣的工作。

老闆的賞識與機會

　　進入安娜可可後，因為老闆的安排與期許，讓我有不少機會到國外見見世面，在不斷的學習中，我製作巧克力的技巧越來越進步。由於現在手工巧克力的市場越來越大，再加上我到日本比賽又得了獎，總有朋友或親戚建議我出來創業。

　　事實上，別說親友建議我自己開店，在我獲得日本蛋糕協會的大會會長賞後，老闆也問我有沒有興趣開店。他想開一間安娜可可的巧克力專賣店，由我來負責，但是我拒絕了，原因就在於我覺得自己沒那個能耐，也很害怕一旦成為老闆後，可能面臨的壓力。

　　很多人知道這件事都覺得我很笨，「這麼好的機會，怎麼不好好把握？」「有一間自己的店，才有成就感啊！」「當老闆是幫自己努力，當人家員工就只是在幫人家賺錢！」……，有很多很多的疑惑冒出來，但都沒有動搖我只想安穩快樂做好工作的想法。

圖片提供／Michel Cluizel

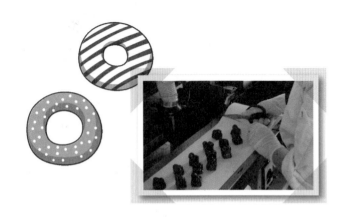

　　我相信很多人都很有上進心和企圖心，我姐姐就是一個活生生的例子。她不斷的在工作上找尋成就感，讓自己可以越爬越高，也能賺更多錢，她的夢想就是能夠開間咖啡店。

　　學設計的她總是有很多點子，她曾問我，「我們來開間有主題的咖啡店好不好？以貓為主題，而且把店裡所有的貓都打扮成忍者的樣子。」想當然爾，我的答案還是不置可否。

從小白兔變母獅子

　　我有個比較大的缺點，一旦有壓力時，就容易脾氣暴燥，可是一發完脾氣常後悔。基本上，在外人面前，不管同事或朋友，大都會覺得我是個很溫和、不怎麼有脾氣的人；但在家人面前就不一定了，一有不順心或不耐煩的事，就容易跟家人大小聲，尤其是最疼我的老爸。

　　每逢節慶時，巧克力房都不免要加班趕工。不管加不加班，一到五點半的下班時間，老爸就會打電話來問我，「要下班了嗎？」沒有加班就罷了，如果要加班，大家又忙成一團，老爸的電話一打來，我常會沒好氣跟他說，「我要加班啦！」

　　偏偏老爸有點重聽，聽不清楚的他會一直問，「你説什麼？」正在趕工的我根本不想大聲的吆喝，只好匆匆的跟他説，「晚點再打電話給你」，就把電話掛了。等手邊的工作告一段落，我便會打電話給老爸，要他不要打電話吵我，我要加班。

　　可想而知，我的語氣絕對不怎麼好。雖然事後常覺得很不應該，但老爸卻總是假裝沒發生任何事，下班回家後還是很親切的問我有沒有吃飯。不過類似狀況如果發生在我媽或我姐身上就不一樣了，她們會馬上回嗆我，「你凶什麼啊？」

　　我這行徑不知道是不是有點像人家説的，「在家一條龍，出外一隻蟲」，或是所謂的「吃裡扒外」。因為在工作崗位上的我，除了對看不順眼的事會據理力爭外，大部分時候對外人來説，我可都是很順服的。也難怪老爸有次跟老闆聊天時，説我的脾氣是在外一個樣，在家又是另一個樣，很不同的！

　　不過，想想老爸也真是的，這樣跟老闆説我，到時老闆認為我很做作，在公司的溫柔都是假裝的，連帶的也懷疑我對工作的態度，那我不就跳到河裡也洗不清了！

瞭解巧克力的
公開祕密

　　想要多瞭解巧克力，就要先知道可可豆在加工過程中產出的三大主要成分，分別為可可糊、可可脂，以及可可粉。

　　可可豆經過發酵、乾燥、烘焙、壓碎、研磨等過程後，會成為液體略帶濃稠狀的可可糊。

　　可可糊再經過加工製造後，便能成為巧克力產品，也就是所謂的調溫巧克力。可可糊中含有百分之五十四的天然可可脂，而可可脂的保存良好與否，則影響巧克力的品質。

　　可可糊經過加壓和過濾去除雜質後，分解出來的淡黃色液體即為可可脂，屬於可可豆的天然油脂，是食用巧克力的重要成分。可可脂的用途很廣，不管是醫療、彩妝保養品或是糖果製造，都有機會運用可可脂，因此可可脂的價格很昂貴。

　　至於可可粉則是將可可糊壓榨後，去除可可脂、製成可可餅後，再將可可餅輾磨成粉。可可粉主要運用在即溶早餐飲品、蛋糕或是灑在巧克力產品上。

從野生到人工繁殖

　　今天我們能夠品嘗美味的巧克力產品，背後來自一連串艱辛的努力和過程，才能讓原本酸澀又帶苦味的可可豆，有機會蛻變為香

圖片提供／Michel Cluizel

圖片提供／
Michel Cluizel

醇可口的巧克力。當人們愛上巧克力後，需求量變大，於是便開始
以人工大量種植可可樹，以確保穩定的產量與品質。

具有經濟價值的農作物

　　人工種植的可可樹通常位於谷地或沿海平原，必須有分布均勻
的降雨量和肥沃又排水暢通的土地。

　　可可樹屬於常綠樹種，有粗大的葉子和碩大的果實。可可樹的
葉子還未成熟時是紅色的，長大成熟後會變成綠色。

　　由於野生的可可樹生長在熱帶雨林的底層，自然有更高大的
樹木為其遮蔽烈陽。因此在人工種植的可可園中，農民會將高大的
果樹跟可可樹一起種植，這些高大的果樹一方面可為可可樹遮蔽陽
光，另一方面也使栽種的可可豆帶有些微果香。

　　可可豆屬於經濟作物，不論天氣、病蟲害或是經濟政治發展，
都會影響可可豆的價格。再加上可可樹從種植、採收、取豆、發酵
到乾燥等所有過程都需以手工處理，每一個環節必須花費非常多的
心血，因此產量受限。

圖片提供／Michel Cluizel

甜蜜背後的粒粒艱辛

　　巧克力雖然讓人覺得回味無窮，但要採收可可樹果實的工作卻不簡單。可可樹平均有五公尺高，但根基卻很淺，若冒險攀爬到樹上，很容易從樹上跌落，造成嚴重傷亡，因此，採收可可樹果實必須依靠其他輔助工具的協助，絕對不能貿然爬樹採摘。

　　為了順利採摘果實，採收工人必須使用有長柄、如剪刀般的鋼刀，以便剪下位在最高處的可可豆莢，又不會傷及可可樹表皮。此外，還要隨身攜帶大彎刀，將比較低處的豆莢直接割下來。

　　由於可可豆莢很脆弱，摘剪可可豆果實的時候要很小心。一採收下來後，要馬上將可可果中的可可豆拿出來，以免可可果腐爛或發芽。用彎刀將可可果跟木頭一般的外殼剖開後，就可以看到裡面有二十至四十顆被乳白色果肉包覆著的可可豆。

　　你或許可以想像一下台灣特產的水果釋迦，當將一粒粒的果實剝開、將果肉吃掉後，就露出一顆顆的黑色種子。可可豆的種子就像釋迦的種子一樣，被包覆在果肉中。

　　不過，當把可可豆連同果肉一起從可可果中取出後，先不能將可可豆外面的果肉去除，因為果肉中含有豐富的酵素，能夠協助可可豆發酵。之後，在可可豆上面覆蓋如芭蕉葉等大型葉片，讓可可

從可可豆開始的巧克力製作流程

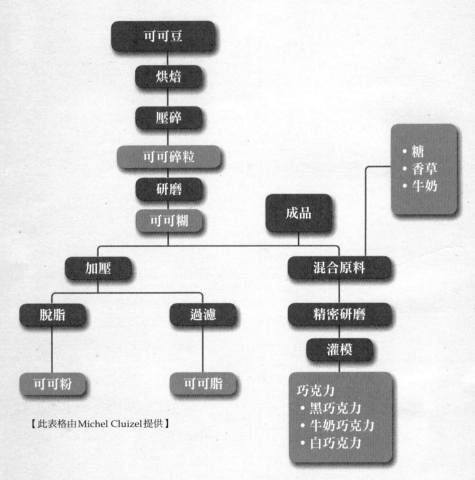

【此表格由Michel Cluizel提供】

豆自然發酵,在發酵升溫的過程中,能使可可豆的苦味略微去除並殺菌。

可想而知的是,在這段四至五天的發酵過程中,現場的氣味與環境並不好,滿是酸澀潮熱的異味。不過這段過程卻對巧克力風味有關鍵性的影響,一來可可豆外圍的果肉會因發酵而脫落,另一方

採收工人。
圖片提供／
Michel Cluizel

面，可可豆的成分也會因為發酵產生變化，至於可可豆的外在顏色則由原來的淡黃色慢慢轉變為褐色。

以公平交易改善生活

可可樹的生長區域大都為一些貧窮國家或地區，就如同台灣農業時代，提到農人們的辛勞，大家常常掛在嘴上的「汗滴禾下土，粒粒皆辛苦」。

巧克力莊園的農人與採收工人也同樣是在炎熱又潮濕的環境工作，相較於巧克力的高單價，這些巧克力產區的人們不但所得少，生活環境也不好。

為了改善當地人民的生活，優良的巧克力製造商都會秉持公平交易的精神，以合理的價格向產區購買可可豆，以消費而不是援助的態度協助這些地區或國家脫離貧窮，並避免剝削他們的苦心與汗水。

例如法國的Michel Cluizel便以三倍工資和五大莊園的農民維持長期的契作關係，使農民可以更用心的栽種巧克力，即便周遭環境動盪，也不會受到影響，並堅持限量政策以維護可可豆良好的品質。

因為它，
我不再汗流浹背！

佩容小妹
有話說

　　還沒工作前，由於我念的是職校，因此從高二開始，每星期都有實習課。

　　記得第一次做麵包的時候，那滋味還真是不好受。雙手必須不斷搓揉麵糰不說，而且要一直站著，每次上完實習課都覺得全身酸痛。

　　不過一天絕對有八小時以上都站著工作，應該是從事烘焙業不可避免的「歹命」。不論製作麵包、蛋糕，或是巧克力，廚房的工作怎麼可能讓你拿張椅子坐著，想都別想！

過人的體力與耐力

　　烘焙業絕對是一項非常耗體力的工作，也難怪我剛畢業時，總以為這個行業只應徵男師傅，不找女孩子，就是認為老闆一定覺得男師傅的體力當然比女師傅好得多。

　　不過進這行後，發現女孩子其實也不少，只是體力真的不如男生，這時就要用意志力來戰勝體力了。尤其女生每個月都會碰到「好朋友」拜訪，體力更會差人一截。

　　每回「那個」來時，我都會不太舒服，但為了工作只好盡量忍著。幸好後來在巧克力房工作，不用進進出出冷凍室，不然肚子

不舒服、冷汗直流，還要進出冷凍室工作，實在讓人很痛苦！不過說真的，這種每個月都會來一次的「好友」，還真是女師傅們的天敵！

要成為出色的甜點師，絕對不能避免站立的工作型態，所以想從事烘焙業的女生，如果希望避免靜脈曲張的困擾，可能每天都要很勤勞的抬腿。

剛入行時，晚上回到家休息，我都會抬抬腿讓自己的雙腳舒緩一下，一段時間之後就沒耐心了，每天回家只想倒頭就睡。

不過喜愛甜點的我，雖然不能避免未來可能有靜脈曲張的困擾，但有幸能成為一個至少不用忍受「酷暑寒冬」的巧克力師傅，已經是非常幸運的事。

冬暖夏涼的好空間

　　由於製作巧克力的嚴格要求，在我的工作環境中，空調常年都維持著攝氏十八到二十度左右的溫度，相對濕度也保持在六十度左右，簡而言之，就是一個冬暖夏涼又乾濕皆宜的環境。

　　哪怕外面的低溫特報、大雨特報，或是夏日高溫又破了幾度，只要一到巧克力房中，那些都暫時跟我沒關係。

　　拜巧克力之賜，我可以享受跟它一樣的禮遇，剛剛好的濕度，還有不冷不熱的工作環境。說起來，巧克力還真是比我們這些製作它的人還嬌貴！

　　不過，安娜可可製作的巧克力之所以如此要求工作環境的溫度和濕度，是因為我們每天限量生產的，是由調溫巧克力製作的手工巧克力，而不是由非調溫巧克力做成的巧克力。

　　還沒接觸手工巧克力以前，我並不瞭解巧克力有這麼多的學問，以為巧克力只是廠牌上的不同，原來事情沒那麼簡單。調溫巧克力才保有原本巧克力含有的可可脂，而非調溫巧克力卻是以沙拉

油、棕櫚油等植物性油脂加上可可粉做出來的巧克力再製品。

　　此外，調溫巧克力是由多種不同性質的分子構成，藉由溫度的調節，才能使不同性質的分子重新結晶，達到良好的安定狀態。也就是説，巧克力的「結晶」是從調溫而來。

　　調溫後的巧克力，再經由巧克力師傅的技術，使巧克力產生漂亮又標準的結晶，才會使做出來的巧克力產品表面看起來更光滑，咬起來脆硬又入口即化。而且在加工做成手製巧克力的過程中，不論灌模和脱模，都更容易操作成功。

　　相對的，如果調溫不適當，巧克力產品的外觀不但沒有光澤、不脆，也容易產生不良品。而且後來我還發現，不同進口商進口的巧克力原料調溫曲線也都不一樣，要依照不同的品牌調整溫度，才能做出最成功的手製巧克力。

　　就因為手製巧克力對製作過程的控溫與室內溫度的嚴格要求，成為巧克力師傅後，以前我在做麵包、蛋糕時常被燙傷，或是因為長期進入冷凍室使鼻子過敏等狀況，全都不再發生了。

　　説起來，巧克力師傅還真是一個好工作！不用汗流浹背，每天都處在巧克力香氣的空間中，穿著全白的師傅服，帶著微笑，專心又滿意的攪動著鍋裡的巧克力，説到這，真的覺得自己太幸運了。哈！

意料之外的
驚喜與榮耀

宗恩老闆
有話說

　　說老實話，我自己也不是很喜歡參加比賽的人，不過我很認同年輕師傅藉由比賽獲得注目的方式。至於該參加哪類比賽，我認為求精不求多。

　　佩容在二○○八年再度參加台灣區蛋糕協會的巧克力比賽時，已經有前兩年的經驗為參考，加上當時她的技術有很大的進步，因此也使她的信心提高不少。

　　果然，再次參賽，她得到了第一名，更獲得到日本參加比賽的機會。到國外參加比賽是難得的機會，佩容是我店內少數獲得到國外參加大型比賽的師傅。

　　藉由參加國際比賽可以有機會到日本走走看看，上些課程和講習對她是有益的，至於能不能得獎，我並沒有太大的執念，因為台灣選手在這個比賽中拿過獎的人少之又少。

　　後來，二○○八年出征到日本果真是志在參加不在得獎，但佩容獲得很好的國際比賽經驗卻是值得的。在準備比賽的過程中，她下了不少苦心在口味與產品外型上，雖未得獎，但我相信對她已經有不少的幫助。

邁上達人之路的小女生

二〇〇九年，佩容又參加台灣區蛋糕協會的巧克力比賽。上回比賽得了冠軍，這次當然也不能差，再加上這回比賽的選手有不少是老資格的師傅，更不能掉以輕心。

沒想到佩容竟一路過關斬將，又拿下代表台灣到日本參加比賽的權利。知道這個消息後，公司內每一個同事都感到非常高興，也覺得她還真有兩把刷子。

第二次代表台灣出賽，同樣的，我沒有給佩容任何得獎壓力，只要她好好把握時間練習，盡力做好。

不過，雖然我沒給她壓力，但這個單純又質樸的孩子卻給自己不小的壓力。再加上當時巧克力部門忙著研發新產品，那時已經是小主管的她承受很大的壓力，每天都工作到很晚。

某天一早，我隨口問她比賽的作品練習得如何？她竟然很生氣的回應，把我嚇了一大跳。後來我才知道她對那次比賽的得失心很重，認為自己絕對要從日本抱回一個獎，不然難以對我交待。

說實話，她真的對自己要求太高，我非常清楚要在那場大賽中得獎的機率有多低！不過那次她的情緒起伏也讓我更瞭解她，更知道當她遇到壓力時該如何協助她，才不會使她被不當的情緒影響。

就在大家對佩容在日本得獎沒有抱持太大的期望時，令人難以置信的事發生了。她不但獲獎，還拿到大會會長賞，這是比金賞獎更高一級的獎項。而且獎項向來都是日本選手獲得，台灣人從來沒有得過，她是日本蛋糕協會成立五十多年以來，第一位得此殊榮的台灣人。

當時在台灣的我聽到消息，除了驚訝，更高興的不得了，一直處於很亢奮的狀況，恨不得跟所有人分享這個好消息。

說實話，我真的沒想過她會得獎，而且還是那麼高的榮譽。這正印證「成功是靠百分之九十九的努力和百分之一的天分」。

以培植新人為己任

成立亞尼克時，我最大的夢想就是希望有朝一日能成立一間烘焙學校，因此不論是教育訓練、出國研習，我從不吝於讓公司內的師傅參與。

到法國參加世界盃比賽時，我更感受到日本人在團隊合作上的向心力，以及傳承的精神，然而這些正是台灣目前環境中欠缺的。

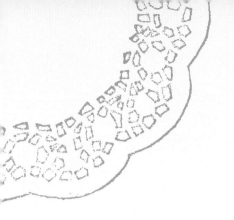

　　不過總要有人慢慢做起，才能讓台灣的糕餅甜點業更進步、更有發展。國中畢業後就進入這行的我，總覺得自己對這行的進步和發展有責任。

　　佩容獲得大獎後，我提出協助她創業的想法，但是她拒絕了。本來在我的計畫中，希望能讓佩容獨自負責一間店面，不過她不想承受那麼大的壓力，因此我便放棄原本要以店面經營為安娜可可鋪設通路的計畫，轉以設櫃的方式增設通路。

　　另一方面，原本我打算將佩容從一個技術者蛻變為管理者的想法，也改變為將她培植為更專業的技術人才，負責更多關於產品研發面的工作。

　　每個人都有各自的興趣和期望，我不會因為自己的想法，而強迫別人照著我的步子走。最重要的反而是依照各同仁的需求和個性給予最大的協助。至於對方是否真能得到最大的收穫，就要看每個人的努力和心態了！

因為珍貴，
所以昂貴

佩容小妹
有話說

我從小愛吃，也不怎麼挑食，常被姐姐取笑我貪吃。

還沒成為巧克力師傅前，巧克力對我是一種奢侈又好吃的零食。成為巧克力師傅後，由於不斷的學習與接觸，我才瞭解巧克力會那麼昂貴又讓人回味無窮是有道理的。

來自赤道的珍貴植物

巧克力的原料取得不容易，全世界只有接近赤道的地方才有可可樹，而且在保存與製作的過程需要非常細心的呵護與關照，稍微不注意，很可能就會使原本柔滑順口的巧克力，成為難以入口的苦藥。

巧克力到底有多嬌貴呢？光從溫度這件事就可以感受到！

首先，當巧克力原料送來時，絕對要在攝氏十八度的溫度。這也是為什麼我會提到製作巧克力的環境必須很講究，不論溫度或是濕度皆是如此。因此一拿到廠商送來的巧克力原料，我馬上就會將它放進設定在攝氏十八度的冷藏室中。所謂「巧婦難為無米之炊」，如果原料不好，也很難做出讓人想一吃再吃的巧克力。

製作巧克力時，不但要掌控環境的溫度，在製作的過程中，對每一個環節的溫度掌控更是非常重要。在融化又冷卻的過程中，都

要遵照嚴格的溫度要求，才能讓製作出來的巧克力有最完美的結晶狀態，也才能品嘗到最完美的巧克力風味和口感。

　　記得多年前我剛跟著師傅做巧克力時，吃巧克力的人口並沒像現在這麼多，更別說大家會把巧克力當成一項送禮的精品，當時我們製作巧克力的器材也都很簡單。

　　例如現在融化巧克力時，都有專用的溫度計可以測試溫度。不過一開始我學習溫度的掌控時，是先以手碰觸用來隔水加熱的鍋邊，等雙手感到有些燙，就表示溫度差不多了。

　　之後，要將融化後的巧克力再降溫至三十度左右時，便以沾一點巧克力在嘴唇或手臂的方式，判別巧克力有沒有到達適合的溫度。

除了溫度還是溫度

　　千萬別以為我家老闆是為了省錢而想出這個方法。據說最早做巧克力的師傅，便是用同樣方法訓練對溫度的掌控。事實上，當我到歐洲上課時，在場的阿兜仔師傅也都是用這個方法測試巧克力的融解溫度。

　　幸好融解巧克力的最高溫度要求在攝氏四十五到五十度左右，跟做麵包、烤蛋糕動不動就高達攝氏兩、三百度的烤箱溫度比起來，真是小巫見大巫。而且師傅表示，一旦嘴唇覺得有些燙時，就表示加熱的溫度已經差不多。因此當時雖然半信半疑照著師傅的教導，將巧克力沾在嘴唇或手臂上試溫，也都不是件苦差事。

　　不過，説到這點，我還真佩服前人的智慧，即便沒有完備的器具，還是能夠找出解決溫度問題的方法。其實，在這個步驟中，我一直很好奇每個人對溫度的感覺都不同，光憑嘴唇對冷熱的感受怎麼會準呢？很可能我覺得燙，但別人覺得不燙啊！

　　記得當時師傅跟我説，即便每個人對冷熱的敏感度不同，但差距通常不會超過五度。因此當公司買了專業的溫度計後，我真的找了幾個人試驗，沒想到跟專業器材相較，人的嘴唇還真是一點都不遜色！

　　有些人或許會覺得調溫度這件事聽起來很簡單，哪需要大費周章的學習。可是不知道是不是我的反應太慢，雖然每天窩在巧克力房八小時以上，而且每天都和巧克力為伍，每兩、三天就重複一樣的工作，包括加熱、冷卻、灌漿或塑型等步驟，我卻花了一年左右才能掌控巧克力的特性，並將巧克力做各種的搭配和運用。

調溫巧克力與
非調溫巧克力的名堂

自從十九世紀第一塊長型薄塊巧克力問世後，巧克力不再只被當成飲料，更多時候，巧克力被當成一種昂貴的甜點。後來由於工業革命，大量的機器被發明並運用在製造上，巧克力也由小量製造慢慢的走向大量製造，其口感與味道也不斷的改進變化。

到了今天，我們能選擇的產品不勝枚舉，不管是便利超商或大賣場中的巧克力糖，或是走高單價的手工巧克力，大部分人吃巧克力大都只關心好不好吃，不然就是關心巧克力的濃度。

真正懂得品嘗巧克力、瞭解巧克力的人就知道，要吃得美味健康又不容易發胖，就要選擇由調溫巧克力製成的產品。雖然外表看來同樣是巧克力產品，但調溫巧克力和非調溫巧克力的差別卻很大，不僅僅是在組成成分不同，就連價格和味道都差很多。

調溫巧克力的魅力和特點

首先，調溫巧克力和非調溫巧克力的存放方式就不一樣。

由調溫巧克力製作的產品需放置在攝氏十八度左右、不被陽光直射的室內空間中，否則溫度一達到攝氏二十五度，巧克力即會開始融化，破壞巧克力的完美結晶，而不能呈現出最好的口感和滋味。

強調「自然無添加」的標誌。
圖片提供／Michel Cluizel

　　也因為對溫度的靈敏感應，當你將調溫巧克力的產品放入口中時，由於人體的溫度達三十五度左右，口中的巧克力便會慢慢的融化在舌尖，並發散出豐富多元的風味。

　　此外，由於對溫度的精確要求，因此製作產品的過程中，要不斷的將調溫巧克力融化、降溫再升溫，才能使巧克力產生最完美的結晶，製作出讓人回味無窮的產品。

　　另一方面，為能替消費者以公平交易的精神，嚴選出高品質的可可豆，國際知名的巧克力廠商紛紛推廣莊園巧克力的概念。在嚴密的檢驗把關下，可可豆必須經過仔細的檢驗和分析，如果品質無法符合嚴格的標準，整批可可豆便會被退回所屬莊園。

　　法國知名的Michel Cluizel更以「NOBLE INGREDIENTS」的品質標章保證完整的保留可可脂，並以天然蔗糖、馬達加斯加生產的純正波旁香草等原料製作巧克力。

　　所以，選擇莊園巧克力的理由除了因為口感好、品質穩定、能夠呈現巧克力的多層次風味外，更因為屬於調溫巧克力，不但保有完整的可可脂，更以添加天然素材和健康取向為訴求。

非調溫巧克力的特色

調溫巧克力的優點在是天然健康、口感好，但單價通常也比較「高貴」。非調溫巧克力的優點則價格低廉且普及化，在大部分的便利商店或大賣場都可以隨時買到。

因此大多數人最常購買的巧克力糖，以及一些能隨身帶在包包中當零食或補充熱量的巧克力棒等，大都屬於非調溫巧克力。

以字面來看就知道，非調溫巧克力不像調溫巧克力一樣，會被溫度的高低嚴重影響，因此非調溫巧克力不需溫度控制。之所以如此，是因為非調溫巧克力中沒有保留完整的可可脂，也就是可可脂的含量低，大都被榨取出另做他用。但為了保持巧克力的滑順口感，便以一般植物油、沙拉油或其他油脂取代可可脂。

因為巧克力中最值錢的可可脂被其他廉價油脂取代，因此調溫巧克力與非調溫巧克力在產品的價格上便有明顯的不同。同時，由於可可脂本身便含有巧克力的天然香氣，被植物性油脂取代後，非調溫巧克力的產品就失去巧克力的天然香氣，取而代之的可能是另外添加的人工香料。

圖片提供／Michel Cluizel

　　因此，品嘗非調溫巧克力的產品時，並不會感受到巧克力的不同層次與口感，大都只會感覺很甜、微甜、偏苦等單一的味覺，且化口性也會大幅降低，這都是因為少了可可脂的巧克力，幾乎已經不能算是真的巧克力，而只是一種有巧克力味道的糖果。

4

三百六十度的
極致追求

我花了很多苦心研發
一層、兩層、甚至三層內餡搭配，
而且兼顧外殼和內餡的妙組合，
讓消費者一口咬下
便能感受到多重的驚喜。

精確要求下的
幸福滋味

佩容小妹
有話說

　　巧克力的製作過程繁複又瑣碎，小小一顆便包含了口味、香味、視覺各層面，每一個環節都要仔細的拿捏，才不會稍稍不注意就讓本該完美的產品有缺陷。

有耐心才有好品質

　　首先，要把被保存在攝氏十八度的巧克力原料加熱到攝氏四十五度左右，才能將巧克力內原本的結晶完全破壞，並有重新組合的機會。至於加熱的方式，一般來說有兩種基本方法，一種就是隔水加熱法，另一種則是以微波爐加熱。

　　隔水加熱雖然可以減少直接加熱造成的燒焦或溫度過高的問題，但還是要避免因溫度太高而使巧克力的成分被破壞，因此在加熱過程中，需要分批並逐步地加進巧克力原料。隨著溫度的升高，巧克力會越來越濃稠，為了防止巧克力沾鍋，要不停的攪拌。

　　一般來說，巧克力原料因廠商的不同，有各種不一樣的包裝形式，例如片狀的或是顆粒狀的。

　　我們採用的巧克力原料因為出自法國的百年老店Michel Cluizel，再加上他們除了有契作農場外，也供應原物料至全球各地，更自行研發相關的巧克力產品，因此非常熟知製作手工巧克力

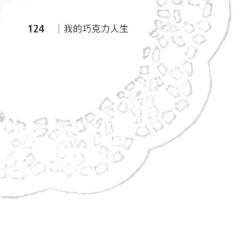

需要注意的加熱問題，所以他們特別研發了一種直徑只有零點五公分的巧克力豆，由於體積小，能夠快速融解，可以盡量減低巧克力在加熱過程中產生的受熱不均問題。

剛開始，我們將隔水加熱以及微波加熱相互搭配使用，後來由於以隔水加熱的方式，很容易產生水蒸氣，這不但會影響巧克力房的溫度，還會影響濕度，更會影響巧克力的風味，後來便統一以微波爐加熱，省去水蒸氣造成的問題。

慢工才能出細活

不過千萬別以為用微波爐加熱，我就可以高枕無憂、在旁邊蹺著二郎腿納涼，才沒那麼好的事。

通常以微波爐加熱時，最容易受熱的部分在中心位置，因此不時會發生中間的巧克力豆已經融化，周邊卻尚未融化完全的狀況。為了避免這種狀況發生，讓所有的巧克力豆都能均勻受熱，每一次加熱的巧克力豆最好不要超過五百公克。

此外，每次我只將微波爐的時間定在兩分鐘左右，也就是每過兩分鐘，我便要打開微波爐一次，將中間已經融化的部分和旁邊未充分融化的部分互相攪拌後再重新加熱。

　　就這樣一次又一次，慢慢的將當天要使用的巧克力全部融解。想也知道這絕對是個不用出太多力氣的工作，但卻要很有耐心，一次又一次的重複同樣的動作後，再仔細的觀察和調整，才能把融解工作完成。

　　不說你絕對不相信，就是加熱、降溫一個這麼簡單的工作，我卻花了快一年的時間才能比較精確的抓準多少分量的巧克力，要用多少的時間才能融解得剛剛好，既不需要一而再、再而三的重新降溫再升溫，也不會因為加熱過度而讓巧克力差點成了焦糖！

　　後來，為了更精確掌握巧克力的融化狀況，老闆又引進了一種調溫保溫鍋，可設定溫度加熱，還可以保持恆溫，讓巧克力慢慢融化不易燒焦。只能說科技的發明，真是帶來更多的便利和進步。

學習，
總是不斷的進行中！

宗恩老闆
有話說

　　做自己喜歡的工作真的很重要，那才能讓自己有熱情投入不斷的學習，我自己就深深的感受到這點！

找到對的學習管道

　　當年亞尼克一夕爆紅時，我沒辦法思考太多關於學習的問題，每天只是不停的趕訂單，以免交不了貨。後來慢慢步上軌道，亞尼克的組織也漸漸擴大後，我參加很多跟管理有關的課程，甚至連財務、稅法……等課程也一起上。

　　不過後來我發現，那些課程對我的助益實在不大。畢竟我不是學管理的，更不是專業經理人，技術出身的我，要將那些從課堂上學到的理論轉變為實際的管理模式，或是藉由那些課程瞭解如何看懂公司的財務報表，實在覺得一個頭兩個大。這些不該是我的學習方式！

　　我重新思考自己應該回歸到技術層面，以研發為主要的工作內容，其他事就讓各部門的主管與廠長掌控，這樣我不但可以努力的開發新品，也可以做自己喜歡的事。

　　畢竟從課本與正經八百的課堂中學習，一向不是我習慣的方式，從實務中找到學習的方向還是比較適合我，也更有效率。每個

人的學習方法不同，找到跟自己最對味的，效果才會更好！

創意，無時無地

人家說，「行萬里路勝讀萬卷書」，我絕對舉雙手贊成。從創辦亞尼克開始，我不時就會到歐洲、日本等地取經，畢竟在烘焙的相關資訊和技術上，國外總是比我們齊全。

因此只要有空，我每年一定會出國一到兩次。此外，若店內的同事出國比賽或參訪，回來後也都會有詳細的簡報讓我瞭解並學習。雖然出國一趟花費不少，但每回獲得的豐富成果絕對值得。

事實上，自從開發安娜可可後，除了出國找靈感，實地瞭解巧克力原料的製造過程外，我更勤於參加跟美食品嘗有關的課程。

這種課程一定少不了吃些精緻又可口的佳餚，不過吸引我的最大原因並不在此，而是從中學習到的不同味覺調配，也就是不同的食物風味要如何搭配，才能讓品嘗者有最完美的味覺享受，這也正是我研發手製巧克力不同內餡時需要的靈感。

　　記得有回參加一場巧克力原料商的產品發表會，那場發表會並不是以制式的產品展現巧克力的奇妙，而是請師傅將巧克力跟食物搭配在一起，讓大家體會如何突顯不同風味巧克力的特色。

　　其中令我印象最深的一款法式烤鴨，以烤鴨與新鮮哈蜜瓜調製而成的果泥搭配在一起，上面又加了少許的巧克力。這樣的搭配讓我有些疑惑，「這會好吃嗎？」但是當我將它放入口中時，疑慮全都消失了。

　　原本烤鴨比較乾澀的缺點，因為哈蜜瓜果泥而被綜合了，上面些微略帶酸味的巧克力又將鴨肉中可能過於油膩的口感消除，口中感受到的只是柔順又令人難忘的味覺。

　　經過師傅的解說，我更瞭解若能依據不同莊園巧克力的特色，跟「速配」的食材搭配在一起，就可以讓手製巧克力發揮出極致的美味。

　　課堂中不同的食材搭配，激發了我研發新品的靈感，下課後我更把握機會請教授課老師研發時遇到的問題。有一次，我上完課程後留下來請教老師問題，老師跟我說，「你這個問題至少值一百萬，而且是我十幾年經驗累積出的答案。」也正因為老師的解惑，讓我當時一個一直想不出的巧克力配方獲得解答。

　　當場我更體認到，學習真的不見得要從課堂或書本，跟專業者的談話或是跟見多識廣者的溝通，反而能讓我學到更多，印象也更深刻。

　　不過，要先注意的是，在跟別人談話討論前，自己一定要做好相當的準備，否則很可能問不到精髓還浪費時間，更會讓人懷疑你的誠心。

眼觀八方
才能做出的美味

佩容小妹
有話說

　　跟麵包、蛋糕相比，巧克力是項需要更小心和精細的工作。從早上七點半到下午五點，除了中午一個小時的休息時間，其餘的時間我幾乎都是站著、機動性的處理各項工作。

美味漂亮才是王道

　　為了能在市場中異軍突起，呈現出巧克力在不同搭配下的風味，讓顧客可以從一顆小小的巧克力中，同時品嘗到不一樣的口感和滋味，我花了很多苦心跟老闆一起研發一層、兩層、甚至三層的內餡搭配，而且兼顧外殼和內餡的妙組合，讓消費者一口咬下便能感受到多重的驚喜。一小口巧克力其實包含了非常多的技術和工法，尤其是巧克力內餡最耗工。

　　只要是吃的東西，最新鮮的當然最好吃，所以我們每天都會現做巧克力，以少量多次的製作方式達到對品質的要求。基本上，我們將巧克力的製作概分為三大部分，以三天為一單位，每三天就會做出一批新鮮巧克力。

　　由於巧克力房除了我以外，還有另外六位同事一起作業，因此在不斷的循環與分配下，安娜可可每天都有新鮮現做的手工巧克力出爐，可以讓喜歡巧克力的人嘗鮮。

　　一定有人覺得很疑惑，每天一股作氣把當天要準備的巧克力做好不就沒事了，幹嘛要分三天一個循環呢？

　　說起這原因，就得提到一個巧克力甜點師必須具備的能力：不但要會做巧克力，且需有一定的審美力，才能將做好的巧克力包裝得更高雅動人。

　　也就是說，在這三天中，除了第一天製作內餡，第二天做外殼，到了第三天，我則必須親自將做好的巧克力一顆顆的包裝好。簡單的說，就是校長兼撞鐘，都要一手包啦！

　　不過第三天的包裝工作畢竟算是錦上添花，最重要的還是前兩天的巧克力製作過程。

　　不論是將外殼先製作好，再將不同的內餡一一灌入已成形的巧克力外殼中，還是將做好的內餡，淋上又濃又純的巧克力，每進行下一道工序前，不論是內餡或外殼，都必須將它們放在被設定在攝氏十八度的冷藏室中靜置一整天，才能讓巧克力的結晶呈現最完美

的狀態，這也是為什麼每做一批巧克力都需要三天一循環的主要原因。

細心、專心和耐心

手工巧克力的美味除了來自好的原料，製作過程中也需要人工的時時照顧。跟多年前剛開始做巧克力時比起來，現在已經多了不少輔助設備，可以協助我在製作巧克力時能夠更精準、更簡易，但在「盯場」上，還是不能有絲毫懈怠。

以巧克力外模的製作來說，把前一天已經做好的巧克力內餡分批拿出來後，就要一次次將數個內餡放到澆淋巧克力外模的機器輸送帶上，機器上的輸送帶會將內餡慢慢的往前運送，讓已經融解好的巧克力淋在上面。

以往還沒有機器協助時，要一個個用湯匙把巧克力淋上去也就罷了，重點是由於手的力度掌控不易，很容易淋得不均勻。有了機器的協助後，比較不會發生淋模不均勻的問題，品質便能控制得更好。

不過可別以為把內餡放上輸送帶後，我就可以閒下來。畢竟機器就是機器，它只能提供協助，不能幫你做決定，品質也要由自己

掌控。

　　由於巧克力會因為室溫的改變而濃稠或稀釋，就會影響淋模的狀況。這時就要憑藉自己的細心觀察了，一旦發現淋模的速度變慢，便表示巧克力的溫度太低，就要趕緊把加熱器打開，讓巧克力更融化一些，才不會影響到外殼的外觀。

　　相反的，如果發現淋模的速度過快，就要將機器上的小風扇打開，讓巧克力降溫，才不會因為巧克力太過稀釋而使外殼的包覆不完全。

　　除了要隨時注意機器的狀況與溫度的調節，難免還是會發生淋在內餡上的巧克力不均勻的狀況。有時可能是因為空氣，而使外殼出現一個小氣泡，或是一不注意，淋上的外殼就多了一小塊突起物，這時就要眼明手快的趁巧克力還沒凝結前將它修飾好。

　　如果等到巧克力已經有些凝固再補強，原本應該美美的巧克力，就不免會有補丁一樣的感覺。這可是講究味覺與視覺的手工巧克力最忌諱的！

　　所以，如果你覺得巧克力房的工作是再輕鬆不過的事，可就大錯特錯了，這不但要手到眼到，更要心到，才能真的如魚得水，不然保證你會想來容易，做起來卻覺得一點都不簡單，而且手忙腳亂！

巧克力的種類與保存

市面上的巧克力種類多到令人眼花撩亂，不管大品牌、小品牌或是沒品牌，不管是台灣自製、來自美國、英國或是法國等不同國家，也不論是百分之五十、六十、甚至九十的巧克力，到底巧克力有哪些種類？又該從哪些條件分別不同種類間的異同？

基本上，現今我們大都將巧克力視為一種具有甜味的點心，或是看成能加在糕點、食品當中增添甜味與香味的原料。

不過，巧克力的原始材料可可豆並沒有甜味，相反的還略帶苦味和酸味。

巧克力之所以會有甜味，是因為在製造過程中加入牛奶、蔗糖等其他材料所形成，這些都來自於採摘可可豆後的製作程序。

在巧克力的製作過程中，巧克力製作廠商會依不同種類巧克力所需的成分，來處理經過發酵、烘焙、磨製等步驟後的可可豆。為了避免造成「不說不清楚，越說卻越糊塗」的窘狀，就讓我們從最簡單易懂的巧克力組成成分說明巧克力的種類。

從純巧克力、黑巧克力、牛奶巧克力到白巧克力

● 純巧克力和黑巧克力

　　我們在巧克力包裝上看到的百分比，指的就是純可可的含量。一般來說，可可含量在百分之五十以上就算是黑巧克力。大部分黑巧克力的可可含量大都在百分之六十到七十間，低於百分之五十的黑巧克力通常過甜，而失去黑巧克力的特有風味。

　　至於可可含量高於百分之八十以上的巧克力則會偏苦。以人的味蕾而言，能普遍被大家接受的百分比上限在百分之八十左右，一旦超過此限，大部分人都會覺得嘗起來像是藥物。

　　有些人一昧追求高百分比的巧克力，甚至到百分之九十九的純度巧克力（理論上，百分之百純巧克力應該是不存在的，因為在巧克力製作過程中一定會產生些許雜質）。

　　不過並不是高純度的巧克力才是好巧克力，其實這種幾近百分百純度的巧克力大都使用在食物烹調、糕點製作中，或某些對這種幾近苦味的巧克力有特殊偏好的人。決定巧克力好壞的優先要件，仍在於可可豆的來源與生產過程。

• 牛奶巧克力

牛奶巧克力應該是最被東方人接受的風味，最先由瑞士人發明。牛奶巧克力跟黑巧克力相比，又多了些牛奶的香味與濃厚。既然名為牛奶巧克力，當然就要在製作過程中加入相當比重的奶粉，含量通常在百分之十二以上。為了不增加產品中的脂肪含量，大都是加入脫脂奶粉。

• 白巧克力

有不少人認為不含可可糊的白巧克力並不能算是巧克力，這對白巧克力而言是不公平的。雖然有些白巧克力主要以奶粉加上糖及少量可可脂形式製作而成，不過如Michel Cluizel等知名廠商，則是會以可可脂為主成分，另外再添加脫脂奶粉等原料，因此品質好的白巧克力雖然沒有可可糊的巧克力顏色，卻能品嘗到獨具特色的可可脂風味。

巧克力種類	可可含量	糖含量
純巧克力	接近百分之百	無
黑巧克力	百分之五十到八十五	視可可含量而定
牛奶巧克力	至少百分之十	至少百分之五十
白巧克力	無	至少百分之五十

正確保存才能有絕佳滋味

不管跟糖果或其他甜點相比，巧克力都算一種高貴的產品。以黑巧克力而言，雖然大部分產品的存放期可達一年，可是巧克力內含的可可脂在攝氏十八度以上就會開始融化，因此只要存放巧克力的溫度比較高，巧克力就會開始軟化，一旦軟化，破壞了巧克力製作時所形成的完美結晶，就會改變巧克力的口感。

因此購買巧克力後，最好能將其放置在攝氏十六到十八度左右的環境中；更講究一點，放置巧克力的濕度最好在百分之五十五到六十間。

不過一般家庭要講究這些溫度、濕度實在太麻煩，最簡單的要點，就是不要將巧克力放置在陽光下，或容易潮濕的地方，盡量將巧克力放在陰涼的空間中。

　　如果天氣太熱，最好能將巧克力以錫箔紙包好或是放到保鮮盒後，再放置冷藏室中。

　　錫箔紙和保鮮盒一方面可以隔熱防水，另一方面也可以隔絕異味進入巧克力。要食用時，將巧克力從冷藏室拿出來後，可以稍為退冰一下，口感會更好。

　　不過千萬不要把巧克力放到冷凍庫中，巧克力會變得太硬，也完全破壞了原有的口感，還容易造成巧克力的白化現象。所謂的白化現象，就是在巧克力表面有白白一層如同霧一般的物質，看起來像發霉一樣。

　　事實上，這層白色霧狀物質並不是巧克力發霉，而是因為原本處於穩定結晶狀態的巧克力，因為溫度改變或濕度變大，而使可可脂或糖分被分離出來，又因為溫度降低或濕度變小，使可可脂和糖分再次凝結所造成的產物。因此即便出現白化現象的巧克力仍可食用，但在味道上跟新鮮的巧克力就相差許多了。

　　總之，買了巧克力後，趁早食用就越能品嘗到巧克力的真滋味。

哇！
我真的要為國
出征了！

佩容小妹
有話說

直到今天，我還是很不喜歡比賽，因為我很怕承受那種面對大家期許的壓力。

進步來自於壓力

我不喜歡壓力與競爭，更沒有太大的企圖心，但我家老闆不是這樣想，他很鼓勵、甚至主動積極的幫公司的師傅們安排比賽的機會。

不過，一開始我真的很抗拒，但是「以和為貴」向來是我跟家人以外的人相處的原則，尤其是對主管、老闆的命令，我更抱持尊重的態度。

我在心裡告訴自己，既然老闆要求我去比賽，增加自己的見識和能力，就參加看看再說囉！我的特色不就是隨遇而安，不做任何的設限嗎？一切就先上了再說啦！

然而即便做好心理建設，面對比賽壓力還是讓人難以喘息！不知道是運氣太好還是真的有天分，二〇〇六年我生平第一次參加比賽就得到台灣蛋糕協會的亞軍，於是老闆可能覺得我經過一年的磨練，應該會有更好的表現，第二年又要我再次參加台灣蛋糕協會的比賽。沒想到這回可就沒那麼順利了，一個名次也沒拿到。

日本的比賽場地。

　　如果說心情完全不受影響是騙人的，畢竟賽前還是花了很多的時間練習和構思，但是輸了就是輸了，我的優點就是不開心的事情盡量不放在心上。同時心中也默默想著，「這樣一來，下回就不用參加比賽了吧！」沒想到，我錯了！老闆又第三度要我去參加同一個比賽，他可能覺得我在哪裡倒下，就應該在哪裡站起來吧！

　　這回可不得了，我竟然得到了第一名，還得到代表台灣到日本參加比賽的資格。聽到這消息，我真是不知該高興還是該難過！因為證明我有實力的同時，代表我又要去參加比賽了，而且是國際性的比賽。天啊！那不就更可怕了嗎！

　　在搞不清狀況下，我貿然的到日本跟各國好手一起競技，結果輸了，沒有得到任何名次！雖然沒有再次比賽的壓力，但心中突然有那麼些失落感與歉意，覺得自己沒有為台灣爭光。

　　不過我本來就是一個新手，別要求自己太多了，我安慰自己。果然沒多久，這種稍稍萌發的罪惡感就消失了。

　　或許這一次的表現讓老闆實在太驚喜，他怎麼也沒想到我有機會代表台灣出國比賽，因此隔年他又幫我報名參加比賽。我的心裡雖然暗自想著，「真是夠了！」但還是乖乖的又去比賽。

萬萬沒想到,我又得獎了!沒錯,又是第一名!又要代表台灣去日本參加比賽!真不知如何形容自己當時的感覺,但是,我只知道一件事,就是這回再怎麼樣一定要拿個獎回來,不用大獎,小獎就夠了!

至少對得起老闆這麼看重我,而且為了比賽,我還使用公司的一堆材料練習,那些原料可都是進口的,貴得要命!

如果這次又是什麼都沒有、兩手空空回來,那我真的可以找個地洞躲起來!如果得個小獎,至少對老闆花費的材料錢有些交待!

被激發的靈感

從小到大,我向來都是聽命行事的份,沒想到,成為巧克力甜點師以後,為了參加比賽,我必須自己想些點子、找些創意、開發一些不同的產品,不論是巧克力的外觀或口味。

記得二○○六年,進入巧克力這行的時間還不長,第一次參加比賽時,老闆要我多參考些跟巧克力有關的書,從那些資料中找尋新的靈感。還特別請了名師幫我加強一些巧克力的技巧和概念,以及比賽時該注意的事項。

　　當時老師說，巧克力最適合搭配的顏色是紅、黃、綠、橘，因為這幾個顏色是天然食物中會出現的顏色，再加上這些顏色很鮮艷，跟巧克力搭配在一起，會使巧克力看起來更漂亮可口。

　　老師也告知我比賽時的評分標準絕對是要色香味俱全，除了基本調溫後的結晶要漂亮，外形（包括顏色、形狀、大小）要吸引人外，口味搭配也要有協調、有層次、有特色，而且口感滑順。

　　此外，叫好又叫座也是評審的評分標準。沒有市場性或不適合量產，或是會有包裝上的難度等問題，就算很漂亮卻不能符合商品價值，也不會有高分。

　　聽到那麼多的注意事項，讓我本來就很緊張的情緒更不安了。我清楚記得二〇〇六年那次比賽的前兩天晚上，我一邊練習，一邊忍不住哭了，因為我一直想不出來第十款的巧克力口味和設計。事後想想，覺得自己實在有點好笑，竟然做不出來就開始哭，還被師傅看到，真是丟臉！

　　不過隨著參加比賽的次數越來越多，我的穩定度也越來越好，雖然還是會緊張，至少已經不像第一次會急到哭。而且也會從專業書籍以外，憑藉自己的方法找到更多的靈感。看來，壓力還真是會讓人聰明點啊！

成長，
從改變開始

從幾個人的小公司成為超過百人的大團體，如果不把自己的角色切割清楚，很容易累得半死又沒什麼成就感。不過，剛開始要我別管太多，專心做研發，實在不怎麼習慣。

可是為了公司的長遠發展，也讓自己真正能成為一名「教練」，而不是球員；讓自己成為一名領導者，而不是管理者，改變絕對是必須的。

帶人帶心的領導觀

幾年前，我曾經請一位朋友幫忙管理廠務，擔任公司的廠長職位。當時我在亞尼克的營運上遇到瓶頸，不但業績沒有良好的成長，人員的流失也很嚴重。那時的我可說焦頭爛額，不知道自己哪裡做錯。

我自認是一個很勤勞又很努力的老闆，每天一大早七點多就到公司和員工一起工作，下班時間也是跟他們一樣，有時甚至比他們待得還晚，絕對不會有那種只動口要他們做事，自己卻在旁納涼的狀況發生。但我發現大家與其說是尊敬我，還不如說是怕我。

新廠長上任後，他每天正常上下班，不像我凡事事必躬親，沒想到大家跟他的關係不但很好、很喜歡他，就連人員流動的狀況也

慢慢解除了。後來當他要離開另謀高就時，大家還捨不得的一把鼻涕、一把眼淚。

當時我就想，為什麼自己做得那麼苦哈哈，卻沒人喜歡我，廠長卻可以讓大家願意聽他的呢？經過仔細的觀察和思考後，我發現了答案。

一直以來，我帶人的方法就是帶著大家一起做，因為凡事要求最好的個性，讓我對大家的期許都很高，事情做對了，我覺得是應該的；做錯了，就會覺得千不該、萬不該，嚴厲糾正對方的錯誤，甚至乾脆自己做。長時間下來，大家跟我越來越有距離，我也覺得自己很累。

可是那位廠長就不同了，他把目標設定好，就放手讓大家做，不干涉太多。這樣一來，在共同的目標下，大家會依自己的方式把事情做好，沒有壓力，但一樣獲得不錯的成果。

於是，我從他身上學到真正的管理是要以領導的方式帶領大家前進，讓自己成為大家的精神指標，願意為你設定的目標努力，而不是凡事都「管」，凡事都「理」。

況且每個人總有犯錯的時候，當同仁不小心做錯事，要覺得是應該；一旦做對了，就要給予稱讚，盡量以讚美代替責罵。

當自己成為一個領導者而不是管理者，為大家樹立一個指標、

模範，一方面我不會因為凡事「盯場」
而有很深的挫折感，另方面同事們也不
會覺得每回被我指派任務就戒慎恐懼，雙方都可以有成長和調度的
空間。

節慶前的集思廣益

　　儘管在想法改變了管理上的迷思，但實際執行還是花了番工
夫。因為閒不下來的我，似乎習慣了事必躬親，尤其是新品上市或
節慶時，我都很習慣跟大家一起下場做事。

　　例如今年新推出的草莓捲，每回看到大家忙著捲草莓捲，我就
很想一起幫忙，但心中總不斷提醒自己，「讓同事們做就好了，如
果連這點小事都要自己做，大家反而會覺得我不信任他們。」

　　又像今年的情人節，如果依以往的慣例，我很早就會開始跟大
家一起忙著相關工作，並急著關心有哪些事要幫忙。結果今年我再
三告誡自己，「要完全放手讓同事們處理，絕不要再雞婆。」果然
所有事情都按部就班的完成，業績也達到了。看來我真的是擔心太
多也管太多了！

　　不過，雖然不親自下海監工並執行，可是領導者的參與還是不

能少。每到節慶時，我就會跟行銷部、研發部、門市人員等各部門一起發想新品，在這樣的討論會中，總能激發出不少的火花。

例如今年春天的草莓捲方案就是大家集思廣益的成果。一開始，有人提出現點現捲的方式，可是評估後覺得如果現點現捲，不管是時間或人力都可能來不及，反而會招致客人的抱怨。之後，在不斷的腦力激盪下，想到內湖的碧山巖到碧山路一帶有許多觀光草莓園。

於是後來定出的方案便以「產地現摘直送，新鮮現捲」的訴求，作為草莓捲上市的宣傳點。我們甚至跟內湖休閒農場合作，確保草莓的品質。

除了節慶前的動腦會議，平時的行銷或研發會議我也會一起參與。只不過我扮演的是從旁聽取意見資訊並回饋的角色，一旦定案、設定好目標，就由實際執行者負責，而不是大小事都一把抓，讓主事者難以有施展的空間，自己也又累又不開心。

事實上，心態上的改變，果真讓我在經營的道路上又更往前邁進，也讓我有餘力為亞尼克和安娜可可擬定更多的未來藍圖，更有時間協助公司內的同事們一起跟著公司成長，讓我真正體會到如何做一個稱職的領導人。

我的小小夢想！

佩容小妹
有話說

　　成為巧克力師傅從來不在我的計畫中。嚴格來說，我似乎不曾對自己的人生有太多的想像與規畫，說好聽一點是我樂天知命，說難聽一點就是胸無大志。

　　既然如此，比賽、出國，當然是我想都沒想過的事，但就在我進入亞尼克後全都遇到了！

難以想像的過程和榮耀

　　對我來說，參加比賽主要在於我希望自己能給老闆一些交待。雖然老闆一直說要平常心，不要緊張，得不得獎沒關係，但我第二次代表台灣到日本比賽時，卻警告自己如果真的一個獎都沒拿到，真是可以鑽到地洞了！

　　我清楚記得當我一到達比賽會場，把比賽的成品放在定位點後，就偷偷的在旁邊半蹲半跪著。你以為我是緊張到腳軟站不起來嘛？不是啦，沒那麼嚴重，我是在偷偷的禱告，求神拜佛，希望祂們能保佑我，來個小獎也好！

　　難道真的是「有拜有保庇」？第二次的出征，我不但得獎，還得了個大獎，據說是台灣有史以來參加日本蛋糕協會舉辦的比賽中，得過的最高獎賞「大會會長賞」！

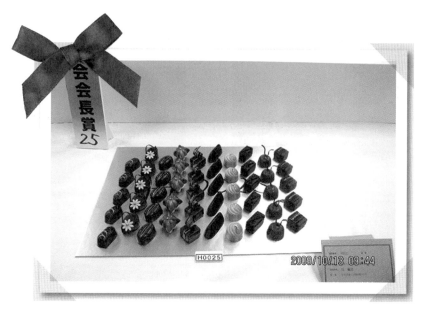

在日本獲獎的十款作品。

獲得大獎後我當然覺得非常高興，但最興奮的應該是我家老闆。據老闆娘說，老闆聽到我得到這個大獎後，就不停的來回走動，激動的喃喃自語說，「得獎了！」

從日本回國後，老闆有回跟我說，這是他一直想得到的獎，但卻沒有機會，沒想到我得到了，這也讓他覺得送我去比賽的決定是對的。

現在想想，雖然一開始是以不得不遵從老闆指示的想法參加比賽，但如果沒有走這一遭，我就沒辦法更進步，也不可能有現在的發展了。

更上層樓的創意來源

　　從開始接觸手製巧克力，至今已經好幾年的時間，更感受到一顆完美的手製巧克力不但要有讓人難以忘懷的風味，所呈現出來的視覺效果更要能讓人印象深刻，像一個藝術品般，會讓人想慢慢欣賞。

　　經過幾次比賽的歷練，看遍一堆跟巧克力相關的資料和書籍後，我卻發現巧克力好像都是差不多的外型和顏色，完全不特殊。

　　當時我面臨一個不小的瓶頸，正準備第二次代表台灣到日本參加比賽，抱著至少要拿到一個獎的決心，因此創意上的停滯讓我很不好受。

　　就在我苦思如何突破現有的問題時，有一天，我到便利商店翻閱雜誌，突然發現一張彩妝品廣告的顏色搭配非常漂亮，心想，既然都是色彩的搭配，彩妝品的顏色一定比這些烘焙或巧克力的搭配更大膽、更出色。

　　於是隔天我立刻找了同事去百貨公司搜括各彩妝專櫃的廣告傳單，果然這招讓我的靈感大增，在配色度上也更有不同的想法。

　　後來，每回到百貨公司或賣場，收集彩妝品的廣告傳單就成為我的習慣。

在那次的經驗中讓我領悟到，有時換個環境看看不同的東西，反而可以激發出更多不同的想法，也可以讓自己的腦袋休息一下。所以，現在每回同事找我去看一些設計展或是畫展之類的活動時，我都會積極參與。雖然看不懂，但能去領略一下不同的美感總是好的，誰知道會不會成為下一次我研發新品時的創意來源呢！

從日本抱回了大獎，當然是很開心的，也讓我在手製巧克力的努力有了具體的成果。

進入這行後，我發現有很多人會透過我們的產品做為表達愛意的媒介，讓我覺得自己也跟月下老人一樣，幫人家牽紅線。而且也透過巧克力這項產品，製造很多幸福給大家，幫大家或陪著大家一起慶祝節日，讓我覺得自己是身為幸福行業的一員。

未來，我希望能透過自己的雙手做出更多、更棒的巧克力，讓更多的人可以找到彼此的幸福，當然，也包括我自己囉！

充滿祝福與
愛意的巧克力

　　每一種食物都有優點和缺點，不過跟很多的甜點相比，巧克力的好處卻多了不少。就讓我們稍微檢視一下巧克力到底有哪些特點？為何會成為表達愛意與關懷時互相饋贈的禮物？

　　• 以可可豆為主要原料的巧克力，含有豐富的鎂。鎂是常被大家忽略的重要營養元素，它是人體骨骼和牙齒的重要組成成分，能和鈣相互作用，鞏固骨骼和牙齒。人體的骨骼生長和代謝都需要靠鎂，甚至連鈣、磷、碘、鉀的營養素在人體內的代謝也都需要依靠鎂的作用。此外，鎂對舒緩情緒、排解壓力、穩定荷爾蒙、減少疼痛，也有不錯的效用。因此曾有研究指出，多吃巧克力可以讓心情愉快，若女性在經期間吃巧克力，也能舒緩因經痛引起的不適感與沮喪。

　　• 曾有研究報告顯示，巧克力含有跟紅酒、茶葉、水果中相似的抗氧化物，例如兒茶素等，可以抵抗自由基，抗老防癌，甚至防止血管老化。此外，巧克力中還含有豐富的多酚，含量比其他食物高，能使人體產生更多的氧化氮，進而擴張血管，降低血壓。不過，這些抗氧化物存在於黑巧克力中，而且純度越高、越黑的巧克力，含量越多，白巧克力並沒有這項效用。

　　• 巧克力含有豐富的鉀，人體大部分的細胞中都存在著鉀，以

維持血液和人體體液的酸鹼值平衡。一旦缺鉀，就會有心律不整或是嘔吐等症狀，因此鉀能讓心跳規律並穩定血壓。

● 有些人吃巧克力來激發創意、找尋靈感，那是因為巧克力中含有很豐富的咖啡因，能刺激腎上腺素分泌，使交感神經更加興奮，使腦部的思慮更加活絡。若因為失眠而造成輕微頭痛時，吃些黑巧克力也能緩解不舒服的症狀。此外，咖啡因還有分解脂肪的功能，因此曾有報導指出巧克力有減肥的功效，便是由於它含有多量的咖啡因成分。不過，除非是濃度極高的黑巧克力，否則你在吃進咖啡因的同時，會吃進更多的脂肪和糖分，獲得更多的熱量。

● 優質巧克力中的主要成分可可脂，是由數種三酸甘油脂構成，包括了油酸、硬脂酸、棕櫚酸等。其中油酸具有抗氧化作用，能促進人體新陳代謝，加速細胞發展；硬脂酸在可可脂中的含量，高達百分之三十四，能降低血液中的膽固醇；至於棕櫚酸則是普遍存在於動植物脂肪內的物質，跟油酸一樣，也具有抗氧化作用。

● 巧克力被認為具有良好的催情功效，據說遠在馬雅的阿茲特克人時代，國王要臨幸後宮的嬪妃之前，便會以黃金打造的杯子喝下特調的巧克力飲料。而可可豆之所以能流傳到法國，也是伴隨著西班牙公主的嫁妝一起出國。因此，巧克力總和情人脫離不了關係，更演變為情人節的最佳禮物。

愛的禮物自己做

近年來手作風盛行，親手做個巧克力送給關懷或心愛的人，簡單又有趣。建議你在選擇巧克力原料時，可以注意下列事項，讓你的手作巧克力能有最好的品質。

• 使用有品質保證的莊園巧克力。

• 盡量選用顆粒小的巧克力，例如Michel Cluizel的巧克力珠，每顆只有零點二五公克，比較容易掌控使用量。

尤其是要降溫時，小顆粒的巧克力比較易於掌握份量。此外，也由於體積小，表面積大，融解速度也會加快，可節省操作時間。

• 製作巧克力時，雙手要保持乾淨和乾燥，並隨時注意巧克力的溫度調控。

• 要小心巧克力出現白化現象，不論是因脂肪所造成的白點，或是因濕氣造成的白化，都會讓人非常尷尬。

出現白化現象的原因	可能會產生的白化狀況	補救方法
調溫方式不正確	巧克力的結晶不完美： ● 不正確的調溫方式 ● 不正確的調溫參數 如升／降溫之溫度等不正確。	重新融化巧克力，然後重新調溫。
模具未保持乾燥	可可脂呈現液態時，水分使脂質浮在巧克力表面。	使用乾的模具。
模具太冷或太熱	與模具接觸的巧克力結晶分解。	模具溫度要稍高於巧克力的溫度，大約高攝氏2度左右。
工作環境溫度太高	會使部分巧克力無法結晶成型。	環境溫度要保持在攝氏25～27℃左右。
巧克力冷卻後溫度過低	溫度過低，使巧克力的結晶快速凝結，容易導致顆粒形成。	溫度保持在攝氏28～32℃。
巧克力冷卻後溫度過高	巧克力內的熱氣緩慢散發，使得巧克力結晶再度崩解。	溫度保持在攝氏35℃左右。
雙手溫度太高	手太熱使結晶融化	常以冷水沖手並擦乾，或帶上手套。
包裝時環境溫度過高	表面結晶融化	包裝溫度保持在攝氏16～18度左右。
放置成品的儲藏室溫度及濕度過高（會產生糖斑現象）	水氣導致巧克力表面糖分融解，並成為粗糙的結晶。	冷卻溫度保持在攝氏17～18度，濕度55％～60％。
放置成品的冷藏室溫度過低及濕度過高（會產生糖斑現象）	當巧克力從溫度過低的冷藏室或冷凍室拿出時，因溫差過大而使水氣凝結在表面，使糖融解並成為粗糙結晶。	冷卻溫度保持在攝氏12度。
雙手有手汗（會產生糖斑現象）	水氣導致巧克力表面糖分融解，並成為粗糙的結晶。	常洗手並擦乾，或帶上手套。

吃得健康又開心

不可否認，巧克力讓人既愛又怕，愛它品嘗起來絲滑柔順的口感，也愛它變化多端的層次和口感，但是它含有不低的熱量卻是事實。即便它也含有很多的健康因子，卻仍遮掩不住它所含的脂肪、糖分和熱量，即便是黑巧克力，也是有相當分量的糖與脂肪。

畢竟黑巧克力不是黑咖啡，黑咖啡可以不加糖、不加奶精，不會有熱量產生，不是造成發胖的因素，可是黑巧克力仍會有熱量。

雖然巧克力有不錯的抗氧化功效，尤其是純度百分之五十以上的黑巧克力，仍要適可而止。選擇現成的巧克力產品時，除了注意可可的比重，包裝是否有清楚的成分標示也很重要，因為光憑巧克力外觀，難以判定產品中具備抗氧化物等健康成分的含量。

此外，若能選擇有品牌的莊園巧克力，不但可以對巧克力的製作過程安心，也比較不會含有反式脂肪酸等非天然的成分。總之，不管巧克力有多少好處，還是屬於高熱量食品，每天最好能保持在四十公克以內的攝取量，才能品嘗美味又兼顧健康。

圖片提供／Michel Cluizel

5

讓我們
來做巧克力吧！

充滿趣味的食譜
能讓你體會巧克力DIY的
樂趣與成就感。

- 純巧克力
- 水果類巧克力
- 堅果類巧克力
- 果醬內餡巧克力
- 胡椒巧克力
- 跳跳糖巧克力棒

調溫巧克力的標準程序請參照 p.169

• 享受最簡單的美味 •
純巧克力

　　純巧克力的提神醒腦效用不小於咖啡喔！一般來說，只要是純度百分之五十八以上的都可算是純巧克力，當然，也有純度百分之九十九的巧克力，但是嘗起來的味道可不是你想像中的香醇喔！

　　如果想要做一個純巧克力當做禮物，最重要的除了選擇品質好的調溫巧克力當原料外，也需思考一下選擇哪種莊園的巧克力，因為不同莊園的巧克力會讓收到禮物的人有不同的味覺感受呢。

❶ 將巧克力原料備用。

❷ 將巧克力以微波爐或隔水加熱升溫到攝氏45℃。

❸ 將調溫後的液態巧克力倒入自己喜好的模型中備用。

❻ 第二天將凝固後的巧克力從模型中取出即可。

❹ 將模型中的小氣泡輕敲出來。

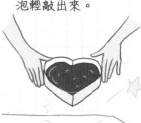

完成

Love

❺ 將巧克力置於攝氏18℃冷藏。

水果類巧克力

• 享受水果的芬芳與巧克力的香醇 •

　　如果你看到情人節推出的限量名牌巧克力加草莓很心動卻下不了手，建議乾脆自己動手做！

　　做水果類巧克力的方法很簡單，其中最重要的就是水果洗乾淨後，一定要把水果外表的水分盡量擦乾，否則水果外表的水分會影響巧克力的口感。如果你用的是罐裝水果切片，也要盡量將外表的糖水吸乾，才能呈現出最好的效果喔！

❶ 選擇自己喜愛的水果，如草莓、香蕉等。

❷ 將調溫巧克力以微波爐或隔水加熱升溫到攝氏45℃。

❸ 將比較大型的水果如香蕉、杏桃等切塊備用。

❹ 水果清洗過後，要以乾布將外表擦乾。

❺ 將準備好的水果置於巧克力鍋中均勻的裹上一層巧克力。

❻ 將裹好巧克力的水果放涼裝盤即可。

完成

● 大朋友、小朋友都喜歡 ●
堅果類巧克力

　　堅果類巧克力應該是接受度最高的巧克力產品,不論是花生、杏仁、核桃等各種堅果都各自有愛好者。不過,要把堅果類巧克力做得漂亮又好吃,可就要費些心思囉!

　　首先是堅果的新鮮度,不論哪種堅果,一定要選擇新鮮的。堅果類若儲藏不當,很容易受潮或有油耗味。選購時一定要仔細確認新鮮度和品質,否則會嚴重影響製作後的成品。

❶ 將堅果放至烤箱中以中火烤至半熟,大約3~5分鐘,要避免烤過頭而出現油耗味。

❷ 將烤好的堅果放涼並保持乾燥。

❸ 將水、砂糖、香草豆莢一起放至鍋中煮至溶化並沸騰。

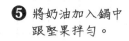

❺ 將奶油加入鍋中跟堅果拌勻。

❹ 將堅果放入鍋中跟糖等一起拌炒至水分收乾,並使砂糖呈現焦糖狀。當每顆堅果皆覆蓋上焦糖後便熄火。

　　另外，烘烤時也要隨時注意堅果的狀況，如果不確定烤多久才算半熟，情願分兩、三次烘烤。當堅果外殼散發出些微香氣，就差不多是半熟了。

　　此外，當將堅果放進鍋中跟糖、水等物料拌炒時，一定要不停攪拌，以免炒焦。

❻ 將烤盤置於大理石桌上，並將炒好的堅果倒在烤盤紙上冷卻。

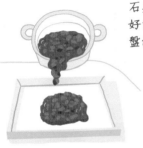

❼ 雙手戴手套，將每一顆堅果分開。

❽ 將融化後的巧克力加入處理後的堅果中不斷攪拌，使每顆堅果都均勻沾上了巧克力。

完成

● 一次享受不同口感的滋味 ●
果醬內餡巧克力

除了以新鮮水果跟巧克力結合，還可以將自己喜歡的果醬跟巧克力結合，更費工點，還可以再加上甘納許增加口感的滑順並防止爆漿。不過，在初進階的巧克力DIY中，先以果醬簡單體會做巧克力內餡的方式。

當然，你可以選擇自己喜歡的果醬口味，而且更健康的方式就是連果醬都自己做。

巧克力外殼

❶ 將巧克力升溫至45℃，再降溫至27℃，接著再升溫至31℃～32℃。

❷ 將調溫後的巧克力放入擠花袋，並將巧克力擠入模型中。

❸ 將裝好巧克力後的模型盒輕敲桌面，讓巧克力中的氣泡釋出。

❺ 放入冷藏室10分鐘，使巧克力外殼變亮、變硬。

❹ 將模型中的巧克力倒出，只留下薄薄一層巧克力附在模型的表面。

果醬內餡

❶ 將香吉士皮屑和砂糖混和，激發出香吉士的香氣。

❷ 將香吉士果汁、砂糖、蘋果果膠粉一起放入鍋中滾煮1～2分鐘。

❸ 將作法❶的材料一起倒入作法❷中，一起煮到攝氏103℃後熄火冷卻。

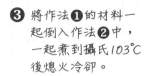

將外殼與內餡組合

❶ 將冷卻後的內餡放入擠花袋，並將內餡擠入已成形並冷卻的巧克力外殼中。

❷ 將加入內餡後的巧克力放入冰箱冷藏。

❸ 將已凝固的巧克力與內餡從冰箱中取出，並用吹風機稍為吹拂內餡，讓其表面稍為融化，以便封模。

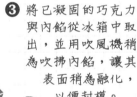

❹ 將之前擠花袋中的巧克力擠在內餡上，完成封模。

❺ 巧克力冷卻凝固後，將巧克力從模型中拿出即可。

完成

胡椒巧克力

• 有點辣又有點甜的奇妙滋味 •

　　這算是堅果類巧克力的進階版，在巧克力、堅果以外，再多加一點KUSO的材料，就是胡椒！你絕對想不到胡椒除了可加在酸辣湯外，竟然還可以加在巧克力裡吧！

　　不過要記得，胡椒可不是灑在堅果上，而是將巧克力經過調溫的程序後，把胡椒倒入巧克力中並拌勻；若沒拌勻，你很可能會吃到一坨坨的胡椒，那可就一點都不美味囉！

❶ 將堅果放進烤箱中以中火烤至半熟。

❷ 將烤好的堅果放涼並保持乾燥，同時避免烤過頭出現油耗味。

❸ 將水、砂糖、香草豆莢一起放至鍋中煮至溶化並沸騰。

❹ 將堅果放入鍋中跟糖等一起拌炒至水分收乾，以及每顆堅果皆有覆蓋上焦糖後便熄火。

❺ 將奶油加入鍋中跟堅果一起拌勻。

❻ 將烤盤置於大理石桌上，並將炒好的堅果倒在烤盤紙上冷卻。

❼ 將巧克力升溫至45℃，再降溫至27℃，接著再升溫至31℃～32℃。

• 充滿童趣的甜心禮物 •
跳跳糖巧克力棒

除了胡椒可以加入巧克力，你也可以試試跳跳糖！那種一含到口中就劈哩啪啦跳個不停的糖果，跟巧克力加在一起後，不但可以嘗到巧克力的滋味，還多了一分樂趣！

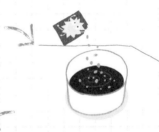

❷ 將跳跳糖加入攝氏30℃的巧克力中，可選擇個人喜歡的口味。

❶ 將巧克力加熱到攝氏45℃，再降溫到27℃，再升溫到31℃～32℃後備用。

❽ 將白胡椒粉與黑胡椒粉加入調溫後的巧克力中拌勻。

❸ 將加入跳跳糖後的巧克力，倒在有花紋的圓形模型片，並輕晃模型片，使巧克力分布均勻。

完成

❾ 將已冷卻的堅果倒入巧克力鍋中拌勻後，放入模型中冷卻，即可取出食用。

❹ 在巧克力模型片中央放上小木棒待凝固即可。

完成

國家圖書館出版品預行編目資料

我的巧克力人生：可可女孩的快樂工作札
記／吳佩容著. -- 初版.--臺北市：橡樹林文
化, 城邦文化出版：家庭傳媒城邦分公司發
行, 2011. 06
　　面；　公分. -- （眾生系列；JP0061）
ISBN 978-986-120-842-8 （平裝）
1.創業 2.職場成功法 3.巧克力 4.點心食譜
494.1　　　　　　　　　　　　100009352

眾生系列　JP0061

我的巧克力人生：可可女孩的快樂工作札記

作　　　　者／吳佩容
協　　　　力／吳宗恩
副　主　編／劉芸蓁
企　　　　劃／元氣工作室
文 字 整 理／張雪莉
圖 片 提 供／安娜可可巧克力藝術坊、米歇爾柯茲巧克力
插　　　　畫／烏朵
行　　　　銷／劉順眾、顏宏紋、李君宜

總　編　輯／張嘉芳
出　　　　版／橡樹林文化
　　　　　　　城邦文化事業股份有限公司
　　　　　　　台北市民生東路二段141號5樓
　　　　　　　電話：（02）2500-7696　　傳真：（02）2500-1951
發　　　　行／英屬蓋曼群島商家庭傳媒股份有限公司　城邦分公司
　　　　　　　台北市中山區民生東路二段141號2樓
　　　　　　　書虫客服服務專線：（02）2500-7718；（02）2500-7719
　　　　　　　24小時傳真專線：（02）25001990；（02）25001991
　　　　　　　服務時間：週一至週五上午09:30-12:00；下午1:30-17:00
　　　　　　　劃撥帳號：19863813　　戶名：書虫股份有限公司
　　　　　　　讀者服務信箱：service@readingclub.com.tw
　　　　　　　城邦讀書花園網址：ww.cite.com.tw
香港發行所／城邦（香港）出版集團有限公司
　　　　　　　香港灣仔駱克道193號東超商業中心1樓
　　　　　　　電話：（852）2508-6231　　傳真：（852）2578-9337
　　　　　　　E-mail：hkcite@biznetvigator.com
馬新發行所／城邦（馬新）出版集團
　　　　　　　Cite（M）Sdn. Bhd.（45837ZU）
　　　　　　　11, Jalan 30D／146, Desa Tasik, Sungai Besi, 57000 Kuala Lumpur, Malaysia.
　　　　　　　電話：（603）90563833　　傳真：（603）90562833
　　　　　　　E-mail：citekl@cite.com.tw

版面構成&封面設計／黃淑萍
印　　　　刷／韋懋實業有限公司

Printed in Taiwan
初版／2011年 6月
ISBN／978-986-120-842-8
定價／300元

城邦讀書花園
www.cite.com.tw

橡樹林

「幸福午茶時光」邀請函

當氣泡酒遇上巧克力，
會是什麼樣的奢華？

今天，
讓我們有個
不一樣的下午茶

啜飲一口充滿柑橘芬芳的微醺氣泡酒，
再輕輕咬下有著多層次內餡的頂級手製巧克力，
會是怎麼樣的一個滋味？
就算不是貴婦名媛，也有機會品味最貴氣的下午茶，
更有專業師傅與你分享如何品嘗巧克力！

時　　間｜2011／7／9（週六）3:00pm～4:30pm
地　　點｜台北市內湖區瑞湖街178巷15號1樓（亞尼克菓子工房內湖店）
主 講 人｜吳宗恩、吳佩容
　　　　（憑券參加‧影印無效）

| 免費活動，歡迎踴躍報名【詳細報名方式請見背面】 |

（請延虛線剪下）✂

「胭脂扣巧克力禮盒」優惠券

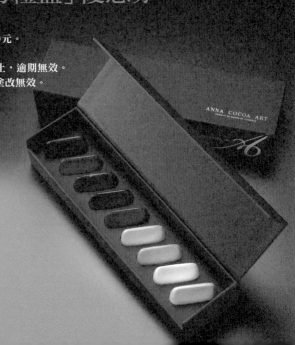

魅感黑 Sesame au Chocolat
黑芝麻帕林內‧曼哥羅牛奶巧克力

樂活橘 Bergamote au Chocolat
65%曼哥羅黑巧克力‧佛手柑精油‧蜜漬橘條

胭脂玫瑰 Rose au Chocolat
羅安哥娜黑巧克力‧玫瑰花甘那須

紫醉金迷 Violet Cassis
羅安哥娜黑巧克力‧紫蘿蘭甘那須‧黑醋栗軟糖

蜜桃紅 Cerise
羅安哥娜黑巧克力‧酒漬酸櫻桃甘那須‧酒漬櫻桃粒

甜心粉 Pample mousse
曼哥羅黑巧克力‧柚子甘那須‧柚子絲

熱情黃 Fruit de le Passion Banana
曼哥羅黑巧克力‧香蕉百香果甘那須‧香蕉軟糖

沁樂白 Ananas
羅安哥娜黑巧克力‧鳳梨甘那須

天空藍 Bell Orchid
羅安哥娜黑巧克力‧鈴蘭花甘那須‧紅醋粒軟糖

讓自己來趟悠閒又充滿品味的周末午茶時光
品味巧克力的香醇與氣泡酒的芬芳

報名方式｜一律網路報名，7/6 前於城邦讀書花園網站（http://www.cite.com.tw/signup）
　　　　　進行線上報名（名額有限，額滿為止）
入場方式｜活動當天憑「幸福午茶時光」邀請函以及報名成功的入場憑證入場（缺一不可）
　　　　｜（入場憑證將統一於7/8前MAIL寄出，每一份憑證限一人使用）
　　　　　※ 預先報名者優先保留座位，敬請準時入場，逾時將取消保留資格。
　　　　　　主辦單位有保留講者變更的權利。
諮詢專線｜（02）2500-7696 #2709、2708
主辦單位｜亞尼克菓子工房、橡樹林出版

（請延虛線剪下）

ANNA COCOA ART
CHOCOLAT DE MANUEL DE CLAIRIÈRE

兌換門市		
內湖店	台北市內湖區瑞湖街178巷15號	（02）8797-8973
SOGO 忠孝館	台北市忠孝東路四段45號B2F	（02）8771-7055
環球板橋店	新北市板橋區縣民大道二段7號（板橋車站B1F）	（02）8969-3363
MOMO南京店	台北市南京東路三段337號1F	（02）8712-4861